突然ですが、問題です。
4枚の写真のうち、養殖された魚の切り身と、
細胞培養により作り出された魚の切り身が混じっています。
それは一体どれでしょうか。

❶

❷

❸

❹

正解は、近畿大学水産研究所で養殖されたマグロなどを使った①と、培養魚肉のブリを使った④です。

実際に出荷される手前の近大マグロ

こちらはブリの元々の姿

魚は私にとって空気のようなものです。
これまでに、夜明け前の漁に同行し、

三陸の鮭定置網の様子

仲間とともに釣り漁に同行させていただいた様子

世界各地の市場や魚売り場に出向き、
売られている魚を観察したり、

豊洲移転後でも賑わう築地場外市場

上海にある江陽水産市場

創業100年を超える、東京御徒町の「吉池」

ふるさと納税でおすすめの魚を紹介したり、
ノルウェーに行き魚売り場を探索したり、

出典：ふるさとチョイスHP

食べ比べたふるさと納税のうなぎは、のべ100種類以上

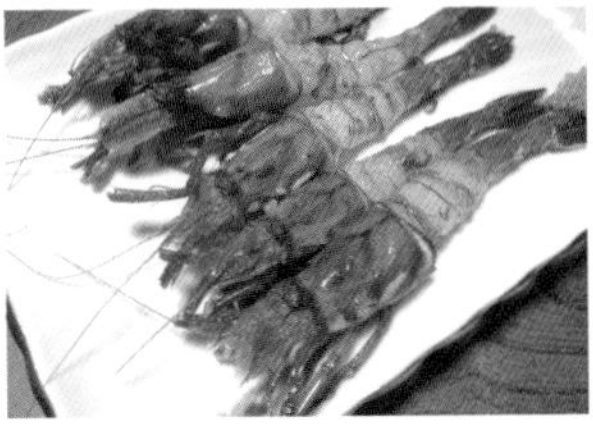

ふるさと納税でも手に入る、味が絶品な珍しいエビ「ドロエビ（クロザコエビ）」

ノルウェーの鮮魚売り場

壁一面に並べられた、ノルウェーのサバ缶売り場

ノルウェーのサバ缶は、トマトソース味が人気です

最新技術について勉強したり、

ゲノム編集によって品種改良された「真鯛の昆布締め」

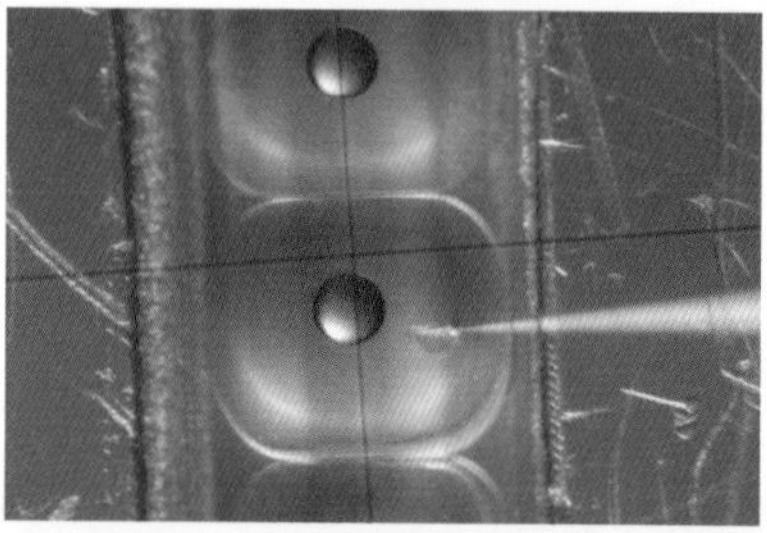

ゲノム編集の作業の様子

ゲノム編集によって品種改良された真鯛(左)と通常の養殖真鯛(右)の比較写真

※出典:京都大学 木下政人/近畿大学 家戸敬太郎

漁業ビジネスのドラマの漁業監修に抜擢していただいたり、
「さかなの会」を立ち上げたりしている者です。

漁業監修を務めたドラマ「ファーストペンギン!」の原作の舞台
山口県萩市萩大島

ぎょ!っくり!
ゆるいさかな好きがつながるコミュニティ
さかなの会

魚好きのゆるいコミュニティ
「さかなの会」を
長年主宰しています

「さかなの会」として川崎フロンターレのイベントにも出演しました

2018年に開催した「さかなを捌きまくる会」の様子です

「アジナイト」というイベントの集合写真です

本書では、幼少の頃から学んできた魚に関する私の知見を
皆さんにお届けします。「魚ビジネス」の世界へ、ようこそ!

東京海洋大学で6年間、水産学を学びました

実家は漁師なので、幼少から漁業のことを学びました（左から2人目が小学生の頃の私）

小学生の頃に描いた漁船の絵です

かつての私の職場である旧築地市場では、流通の裏側を学びました

魚ビジネス

食べるのが好きな人から専門家まで楽しく読める魚の教養

ながさき一生
Nagasaki Ikki

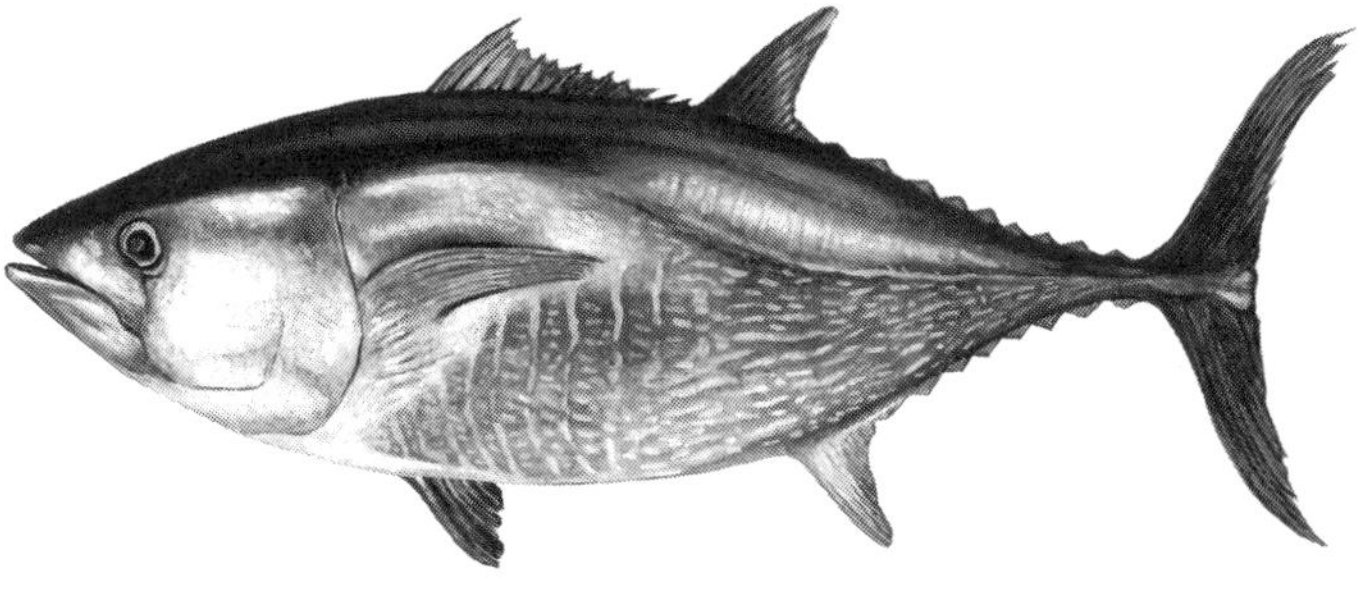

All About THE FISH BUSINESS

CROSSMEDIA PUBLISHING

序　章

世界のセレブは、なぜ日本に魚を食べに来るのか

Chapter 0 :

Why do celebrities come to Japan to eat fish?

「今まで食べたお寿司の中で最高だ」
これは2014年に東京・銀座の高級寿司店「すきやばし次郎」で、アメリカのオバマ元大統領が発した言葉です。その言葉は、瞬く間に世界を駆け巡りました。

それ以降、世界のセレブたちが、続々と日本に来て魚を食べています。英国のサッカー選手で有名な「デビッド・ベッカム」も、2018年にすきやばし次郎を訪問。築地の「大和寿司」なども立て続けに訪れた様子を、自身のインスタグラムに投稿しています。

また、米国のアーティスト「レディー・ガガ」は、無類の寿司好きとして知られます。2022年に来日した際にも、「鮨 銀座おのでら」や西麻布にある創作和風レストラン「権八」などを訪ねています。

そして、コロナ以前の東京では、豊洲市場や築地市場に多くの外国人が訪れ、賑わっていました。世界のセレブをはじめとする外国人は、なぜ日本に魚を食べに来るのでしょうか。

そもそも世界では、魚の消費が伸び続けています。FAO（国際連合食糧農業機関）

の「世界・漁業養殖白書２０２２」では、食用として消費される水産物は、年々増え続けていることが報告されています。１９７０年には４０００万トン程度だったものが、２０２０年には過去最高の１億５７００万トンに達しました。これは、毎年の人口増加のほぼ倍の割合で増えています。

このように、魚の消費が伸びている理由を一言で言えば、「世界の人々が魚の良さに気づいたから」となります。

まず、世界的な健康志向の高まりに伴って、長寿大国で知られる日本の食事に注目が集まりました。そして、和食を代表する魚はヘルシーな食べ物として注目されるようになりました。

また、２０１３年にユネスコの無形文化遺産に「和食　日本人の伝統的な食文化」が登録されたことも話題を呼びました。このことが、和食の知名度を押し上げ、和食のタンパク源として使われる魚にますます注目が集まるようになりました。

今では、和食レストランも世界各地で見られるようになり、和食を代表する寿司も世界中に伝播しました。しかし、それらは日本人ではない者によって営まれていることも多くなっています。そして、日本とは違ったものが出されていることも多々です。

そんな中、日本に行って「本場の魚が食べたい」「本場のＳＵＳＨＩが食べたい」と思っている外国人は、私たちが想像している以上に多くいらっしゃいます。

コロナ禍によって国と国との行き来はしにくくなりましたが、その状況も明けてきました。そんな今こそ、魚はビジネスチャンスの宝庫です。

これからの時代、世界で伸び続けている魚食や、注目を浴びる日本の魚食文化を味方につけることで、様々な分野でさらなる躍進が期待できることでしょう。

例えば、外国人に食事を出す際、日本ならではの美味しい魚を提供できたら、満足度を高められるでしょう。外国人を案内する際、日本人の魚に対する考え方やうんちくが言えたら、より心を掴むことができるかもしれません。逆に、日本に来て連れて行かれたお店の魚が不味かったとしたら、そのガッカリ感は半端ないものになるでしょう。

そして、世界のセレブにもリスペクトされている日本の魚食は、ワインのように、今後世界の教養になっていく可能性もあります。現に、レディー・ガガは美味しい寿司屋を知っていることで、周りから尊敬されているとのことです。

魚について知っていることが、日本人としてのアイデンティティとなり、世界のステータスになっていく。そんな未来が近いかもしれません。

一方で魚を取り巻くビジネスの世界は、大変複雑で不明瞭です。さらには、これまであまり多くを語られてくることはありませんでした。そこで、今回、この本を執筆することにしたのです。

申し遅れました、私はおさかなコーディネータのながさき一生（いっき）と申します。元々新潟の漁師の息子で家業を手伝いながら育ちました。大学と大学院は東京海洋大学、元築地卸でもあり、「さかなの会」という魚好きのコミュニティを15年以上運営しています。さらには、全国を飛び回る中で、美味しい魚や水産業の解説を様々なところでしています。

昨年の2022年には、日本テレビ系列で放送されたドラマ「ファーストペンギン！」の漁業監修も務めました。「ファーストペンギン！」は漁業ビジネスのドラマで、漁業の世界観を感じられるので、ぜひともご覧下さい。

本書では、魚にまつわるビジネスを全体的に取り上げ、みなさんにその世界観や大事な考え方、ちょっとした話題、明日使える豆知識などをお伝えしていきます。

この本は、魚ビジネスの世界にこれから足を踏み入れる方に向けたものです。例えば、「レストランをしており魚を料理に取り入れたいが、業界のことがイマイチ分からず困っている」という方や、「漁業を絡めた映像制作をしたいので、その世界観を知りたい」という方に向けています。また、教養として知識を身につけたいという方に向けても、あまり語られなかったことも書いたつもりなので、ご満足いただけると思います。

逆に、ガッツリ魚ビジネスの世界に足を踏み入れている方にとっては、当たり前で物足りない内容かもしれませんので、その点はあらかじめご了承下さい。

また、本書は、魚ビジネスの世界について、網羅的かつ、中立的に記すことも心がけました。また、「サバ缶」といった身近で分かりやすいモチーフを題材に、楽しく読めるようにも工夫しています。ただ、話題としては断片的にならざるを得ない部分もあることをご理解下さい。

構成としては、第1章は寿司を題材に魚ビジネス全体の世界観に触れています。その後は、漁業、養殖業、鮮度保持、水産加工業、流通業、小売業、飲食業といった部分で魚が関わる世界について触れています。そして最後は、これからお店にも並んでくるであろう細胞培養によって生産された魚肉を主な題材として、これからの魚ビジネスについて書きました。

ぜひ、気になるところ、お好きなところからお読みください。所々かいつまんで読んでも意味が分かるようにしています。

では、ここから一緒に楽しく、魚ビジネスの世界を覗いていきましょう。

序章 世界のセレブは、なぜ日本に魚を食べに来るのか

第1章 寿司から学ぶ魚ビジネスの世界

第2章 「ファーストペンギン！」から学ぶ漁業の世界

第3章 近大マグロから学ぶ養殖の世界

第4章 神経締めから学ぶ鮮度保持の世界

第5章 サバ缶から学ぶ水産加工の世界

第6章 豊洲市場から学ぶ水産流通の世界

第7章 魚屋から学ぶ小売店の世界

第8章 居酒屋から学ぶ飲食店の世界

第9章 培養魚肉から学ぶこれからの魚ビジネスの世界

終章
世界のセレブに日本の魚を食べに来続けてもらうために

第1章

寿司から学ぶ魚ビジネスの世界

Chapter 1 :

The world of fish business

ALL ABOUT THE FISH BUSINESS

1

なぜ日本の寿司は世界に広まったのか

第1章では、今やグローバルな魚食となった寿司を主な題材として、魚ビジネスの世界の扉を開いていきます。

寿司には、「鮨」「鮓」などの様々な表記がありますが、本書では特段意図がないときは「寿司」と表記します。なお、「寿司」という表記は江戸時代に当て字として生まれました。現代では、「握りずし」に「稲荷ずし」「巻きずし」「ちらしずし」なども含んだ総称として使われることが多くなっています。

さて、味の良さや様々な魚が楽しめる魅力から、日本でも人気の高い寿司。今や世界中に伝播し、各国に寿司店が立ち並ぶ状況を生み出しています。しかし、世界各地の寿司は、日本のそれとは違う形をしているものも多く存在します。

例えば、アメリカで開発された「カリフォルニアロール」はあまりにも有名で、誰もがご存じでしょう。

カリフォルニアロールが誕生したのは、１９６３年。ロサンゼルスの寿司レストラン「東京会館」が最初に提供したと言われています。巻き寿司を提供したところ、アメリカ人は黒い食べ物を見慣れていなかったためか、気味悪がって海苔を剥がす人が続出。また、当時のアメリカは生魚を食べる習慣がほとんどありませんでした。

このような状況に対して、海苔の外側にもシャリをつけて、生魚は使わずタラバガニとアボカドで巻き寿司をつくったのが、最初のカリフォルニアロールです。

このほか、世界各地の寿司は個性豊かです。ＵＡＥのドバイでは、「ハムール」という独自の魚が寿司ネタになっています。魚とシャリとを合わせたフレンチの前菜があったり、タイの屋台では甘く味付けされたカラフルな寿司が常温で並んでいたりします。このような例は、まだまだあります。

それらを寿司というのかは一旦さておき、なぜ寿司は世界中に広まったのでしょうか。それを分析した資料がキッコーマン国際食文化研究センターにあります。２０１１年に行われた「企画展示　地球五大陸をおいしさと健康でむすぶ　スシロード。」によれば、寿司が世界に広まった要因は、次のようにまとめられています。

①健康に良いから

世界的な健康意識の高まりの中で、長寿大国日本の食が注目されるようになりました。その中で、寿司もヘルシーで健康に良い食べ物と捉えられるようになりました。

②世界中で寿司の食材調達が容易だから

例えば、ベルギーのブリュッセルにある「竹寿司」では、オランダ製の醤油、イギリス製の酢、中国製の海苔、地中海産の寿司ネタが使われています。寿司に必要な食材は、日本に限らず世界中で調達できる状況になっています。

③安価で美味しい寿司米が世界に広まったから

海外の寿司ブームはアメリカから起きました。そこには、安価で美味しいカリフォルニア米があったことも影響しています。同じように、イタリアでは「あきたこまち」、スペインではあきたこまちをベースに開発された「みのり」という米が作られ、寿司に使われています。

④回転寿司と寿司ロボットの影響

手軽に食べられる回転寿司と、誰でも作れる寿司ロボットが発明されたことで、低価格で寿司が食べられるようになりました。回転寿司は、自分の好きなものを目で見て選べるため分かりやすく、好きなネタを好きなだけ食べられます。日本料理の知識がなくても手を出しやすく、寿司の世界的伝播に大いに貢献しています。

これらに加えて、私はさらに、寿司が持つ味の良さはもちろんのこと、その「許容範囲の広さ」が、世界に広まった要因ではないかと考察しています。

例えば、今でこそ、当たり前になったサーモンの寿司は、海外でも人気です。ただ、元々の日本には存在せず、グローバルな交流の中で生まれたものであることをご存じでしょうか。日本人が元々食べていた天然の鮭は、寄生虫がいる関係で生食がされておらず、生のネタは握り寿司になっていなかったのです。

では、サーモンの寿司はどのようにして生まれたのでしょうか。これは、ノルウェーが自国のサーモンを日本に売り込む手段として開発されたと言われています。

ノルウェーサーモンは養殖で管理をされているため、寄生虫リスクが少なく生食ができます。「日本では刺身や寿司ネタになるものは高く売れる」と知っていた当時のノルウェーの担当者は、自国のサーモンを使った寿司を粘り強く売り込みを続けました。その結果、生まれたのがサーモンの寿司なのです。

寿司は歴史の中でも変化を遂げてきましたが、主に魚が使われる「ネタ」＋酢飯の「シャリ」で構成されるシンプルな料理です。そして決まりが少なく、様々な文化を許容して取り込みやすい形になっています。

これは、音楽でいうとジャズと似ています。一応、大学時代はジャズ研の部長をしていた端くれ者の私ですが、ジャズも独特のリズムのほかに決まりが少なく、様々な文化を許容して取り込む中で世界中に広まり、進化を続けている音楽です。ジャズは元々アメリカ発祥ですが、すでに一国のものではなくなっています。

さて、先程一旦置いておいた話に戻りましょう。

海外の様々な形の寿司を「それを寿司というのか？」と疑問に思う方もいらっしゃると思います。もちろん、元々の源流である日本の寿司の形やその素晴らしさを伝えていくことは大事でしょう。そして、本来の日本の寿司は、海外では食べたくても食べられない人もおり、そこに高いニーズがあることもその通りでしょう。

しかし、寿司もジャズのように世界中に広まり、一国のものではなくなっています。「グローバルに様々な文化が混ざる中で進化を続ける食べ物」という点に寿司の素晴らしさがあるのではないでしょうか。

そして、魚ビジネスを考える上では、世界中に広まり進化を続ける一大料理「寿司」について知っておくことは重要です。ここからは、さらに話を進めていきましょう。

ALL ABOUT THE FISH BUSINESS

2 寿司の歴史

今や世界で楽しまれる食べ物となった寿司。ただ、現代で「ＳＵＳＨＩ」と呼ばれるものは、本当に形が様々です。寿司とは一体、何なのでしょうか。ここからは、まず歴史を辿ってみましょう。

寿司のルーツ自体は、はるか昔まで遡ります。本書では、特別な事情がない限り一般的に見ることの多い「寿司」と記載していますが、「すし」という言葉の表記は様々です。

その代表例の１つ「鮨」は、紀元前５〜３世紀の中国の「爾雅《じが》」という辞書にすでに登場しており、「魚の塩辛」を意味していました。

また、「すし」のもう１つの表記「鮓」も２世紀頃の中国の「説文解字《せつもんかいじ》」という辞書に登場しています。「鮓」は、現代でいう「なれずし」のような、「魚と塩と米の発酵食品」を意味していました。この後、「鮨」「鮓」は使い方が混同され、両方とも「魚と塩と米の発酵食品」を意味するようになっていきます。

これが日本にも伝わり、遅くとも8世紀の飛鳥時代には存在したと考えられています。その形跡は、当時の木簡に書かれていた「鮨」「鮓」の文字という形で見つかっています。

現代の「寿司」と呼ばれる食べ物のルーツは、この「なれずし」にあると言われます。現代で「なれずし」というと、琵琶湖周辺の「鮒《ふな》ずし」が有名です。

「鮒《ふな》ずし」は、鮒《ふな》を最初塩漬けにし、その後に塩抜きをしてご飯と一緒に漬け込み、乳酸菌を発酵させてつくります。できるまでの時間は長く、通常3～6ヶ月、長いと2年もの歳月が掛かります。ご飯はドロドロになり、それを落として食べるのが一般的です。

この「鮒《ふな》ずし」のような「なれずし」が、室町時代から安土桃山時代の頃になると変化します。発酵期間を短縮する「生なれずし」が生まれ、魚とご飯を一緒に食べるようになったのです。岐阜の「鮎《あゆ》なれずし」、米麹や野菜も混ぜる「いずし」はその形になります。

さらに時代が進むと、発酵で生じる酸味がお酢を加えることによってスピーディーに再現される形になっていきます。つまり、酢めしが使われる「早ずし」が登場するのです。このような形が明確になってきたのは江戸時代の頃です。

「巻きずし」「稲荷ずし」「ちらしずし」は、現代でも一般的に見られる形ですが、これらは江戸時代の関西で生まれました。さらに、関西では、箱の中にすし飯を詰め、上に魚の切り身を置いて押す「箱ずし」が生まれてきました。

そして、それを食べやすく切って熊笹で包む「笹巻きずし」の原型も生まれます。笹巻きずしは、「すし飯1個に魚の身がのっている」という形をしていますが、これが「握りずし」へとつながっていきます。

「握りずし」は、関西の「すし」の影響を受け、江戸時代後期の江戸の町人文化の中で誕生します。

その元祖は、文政（1818〜1830年）の半ば頃、両国にあった「與兵衛《よへい》ずし」の華屋與兵衛《はなやよへい》という説がよく知られています。屋台で振る舞われるファーストフードだった「握りずし」は、一口の大きさがおにぎりくらいで、特にコハダが人気でした。

「握りずし」は、江戸でたちまち人気になり、明治〜大正になる頃には「関西は箱ずし、関東は握り」と言われるようになります。

屋台が進化し、店舗を構える者も出てきましたが、この頃は出前やお土産用が主体でした。そのため、酢や塩、醤油で漬けたり、煮たりしたネタも多くありました。この後しばらく屋台と店舗が共存する時代が続きましたが、太平洋戦争後は衛生上の問題から屋台が姿を消します。

その後、冷蔵・冷凍技術が発達し、生の寿司ネタが増え、世界中から様々なネタが入るようになりました。すると、いろいろなネタを楽しめるよう、シャリも小さくなりました。

昭和から平成にかけては、寿司の提供スタイルも多様になってきます。元々は、街のお寿司屋さんである「街寿司」が多かったところ、味と満足度を追求する「高級寿司」、安く気軽に食べられる「回転寿司」、日々気軽に持ち帰りできる「パック寿司」と様々な業態が展開されていきます。

また、寿司は海外へと進出し、世界の文化とも融合してグローバルな食べ物となっていきます。その詳細は前節で述べた通りですが、「カリフォルニアロール」に代表されるロール寿司のように、様々な寿司の形が誕生していきます。

歴史の話は以上です。では、寿司とは一体何なのでしょうか。時代を通して共通している要素を書き出すと、主に魚が使われること、そして「塩」「酸味」「ご飯」あたりになります。

このうち「塩」「酸味」「ご飯」は、現代では酢めしである「シャリ」に集約されています。

つまり、寿司は「『魚』＋『シャリ』で構成される料理」とまとめられるのではないでしょうか。

もちろん、様々な捉え方があるとは思います。ただ、生まれつき「魚」と共に生きてきた私としては、「寿司＝魚＋シャリ」という概念がしっくり来るのです。

そして、純粋な「魚」である刺身と比較した際に、「魚＋シャリ」の意味合いが浮かび上がってきます。この次で詳しく述べていきましょう。

ALL ABOUT THE FISH BUSINESS

3 シャリはなぜ酢飯なのか

刺身と寿司は、両方とも生魚が使われる料理としてよく比較されます。

その違いを簡単に表すと、刺身は「魚」単体であり、寿司は「魚」+「シャリ」だということです。単純明快の話に聞こえますが、この点が「魚」と「寿司」の世界観の違いを作り出しています。

まず、刺身は小さく切られた魚の身をそのまま食べる料理です。非常にシンプルで、素材の味をダイレクトに楽しむ料理でもあります。

魚の味にとって、鮮度は重要な要素となりますが、鮮度は魚が獲れてからどんどん落ちていきます。すると産地と流通先では少なからず魚の味に差が出てきます。

この差は、手の凝った料理になる際にはさほど気になりませんが、素材の味をダイレクトに味わう刺身では、かなり気になる要素となります。特に鮮度の良さを楽しむ魚種であれば、刺身は産地で食べた方が絶対に美味しいといえるでしょう。

一方、寿司は魚の肉を平たく切った上で酢飯であるシャリと合わせて食べる料理です。魚の素材も大事になってきますが、シャリもあるため刺身ほどではありません。すると産地と流通先での鮮度による味の差は、刺身よりは生じてきません。つまり寿司は、刺身と比べると、流通先でも魚を美味しく食べられる方法といえるのです。

そして、時間が経って生じてくる生臭さの成分は、トリメチルアミンというアルカリ性の物質です。一方でシャリは、酢飯のため酸性です。そのため、シャリは生臭さの成分を中和して抑えてくれる役目を果たします。これが、シャリの存在意義でもあります。

また、獲れてから時間が経って起こることは、鮮度劣化という悪いことだけではありません。時間が経つと、魚のタンパク質が分解され、うま味成分に変わっていく「熟成」が起きます。

つまり、魚は流通先では鮮度が低下し生臭さは増える一方で、熟成が進みうま味は増えるのです。シャリは、この悪い部分を消し去り、良い部分を残してくれます。

以上をまとめると、寿司とは、産地よりも、むしろ流通先で食べることに適した料理といえるのです。

このように、寿司という食べ物には、「魚を流通先で美味しく安全に食べる」という工夫が様々になされています。

シャリには、ほかに塩、砂糖、お米が含まれますが、それぞれに意味があります。まず、塩には殺菌作用があります。

砂糖は、殺菌作用のほか、酸味を和らげる、お米の持ちを良くするなどの効果がありま す。ただし、砂糖はお店によっては使われない場合もあります。それは砂糖が普及したのが１９５０年代以降と遅れたことに起因し、伝統を重んじているなどの理由です。

お米は、それ自体に味があり、魚の臭みやエグみといった嫌な部分を薄めてくれます。これは一緒につけ合わされる海苔も同じで、香りが強いため生臭さを薄めてくれます。

また、ワサビやバレンには、殺菌作用があり腐敗を防ぐ役目があります。お茶にも殺菌作用があり、ガリとともに前の寿司ダネの味をさっぱりとさせ、様々なネタを楽しめるようにする役目があります。

このように、細かな点で寿司の工夫にはすべて意味があり、科学的でもあります。それらの工夫は、流通先で魚を美味しく食べるために生まれたものといえるのです。

ここまでをまとめれば、「刺身は産地で食べるもの、寿司は街で食べるもの」ということもできます。そして、これを最も感じるのはウニです。次に述べていきましょう。

ALL ABOUT THE FISH BUSINESS

4

ウニから学ぶ寿司の世界観

私は、漁師の家庭に生まれ育ち、長い間、魚と関わってきました。そんな私が、寿司の世界の話を伺う時にいつも感じるのが、「寿司の世界と魚の世界は違う」ということです。寿司という料理の本質を探るためにも、説明していきましょう。

私は仕事柄、全国各地の産地を訪ねていますが、三陸に伺った際に食べたウニの味が忘れられません。いただいたのは、キタムラサキウニ。とれたてを漁師さんからいただくことができました。ウニを割ると可食部が詰まっていて、それはそれは甘くて、臭みやエグみは一切なく、格別なものでした。

このような経験をした後、とある寿司通の方が、「どこどこのメーカーのウニは最高峰だ」といった話をしていました。これに対して私は、「いや、どう考えても三陸のウニのように、産地に行って食べた方が最高峰だろう」と最初は思いました。

しかし、寿司についての理解を深めていくと、どうやらそういうことではないようです。

ウニは特に鮮度が大事な水産品で、みるみるうちに品質が変わっていきます。ちなみに、あの可食部は生殖器で、卵巣もしくは精巣です。組織が脆く、放っておくと溶け、酸化が進み、臭いがキツくなってきます。それを防ぐために、塩水やミョウバンが使われます。

このうち、寿司ネタに多く使われるのはミョウバンが使われたウニになります。塩水のウニは元々日持ちせず、処理にも時間が掛かり、開けると一気に使わないとなりません。このことから寿司には非効率です。

ミョウバンは、添加物のイメージが強く、嫌がる人もいるかもしれませんが、毒性はほとんどありません。サツマイモのアク抜きや漬物にも使われるものです。

ウニに添加することで、ミョウバンの苦味や独特の臭いで味が悪くなると思われがちですが、それは使い方次第です。ミョウバンの効かせ方が上手いと、嫌な部分は気にならず美味しいウニを長く楽しめるようになります。

このようなこともあり、寿司の世界で価値が高いのは、「ミョウバンを上手く効かせたウニ」になっています。産地の新鮮なウニでもなく、塩水ウニでもないのです。この点に、魚の世界とは違う寿司独特の世界観が詰まっているように私は感じています。

それは、「寿司は、様々な食材を世界各地から一箇所に集めて味を追求するもの」だということです。

一貫一貫が小さく、一食の中で様々なネタを楽しむのが本来の寿司の形です。ネタを集める際に鮮度が落ちて生じてしまう生臭さは、酢飯で中和して補います。

そして、人口も多く需要の高い都市部に流通した際に寿司で美味しくいただける素材には高い価値がつきます。こうして、ミョウバンを上手く効かせたウニの価値を生んでいるのです。

これが、純粋な魚の場合は状況が違います。

純粋なそれぞれの魚の味を追求するならば、産地に行って食べるのが一番です。様々に集める必要はありません。

近年、日本海側のズワイガニが1杯あたり数十万円になることもありますが、提供方法は現地の旅館などで食べるというものが主です。

ところが、寿司はそうなりません。そもそも産地のキンキンの魚は、シャリとは合いにくいところがあります。酢飯によって臭みを中和する必要もありません。また、腕がものをいう寿司の技術は、人が集まる都市部に集約されていきます。

寿司は、追求をするならば都市部で食べる食べ物といえます。そして、お店の雰囲気や器なども含めた総合芸術に昇華させています。世界のセレブたちにもウケる要因の1つは、このような寿司の独特な世界観にあるのではないでしょうか。

ALL ABOUT THE FISH BUSINESS

5 「大間まぐろ」はなぜ最高峰なのか

寿司の中で最も人気のネタといっても良いのが、マグロです。その代表は本マグロ（クロマグロ）で、しっかりとした味の赤身やジューシーな脂のトロは絶品です。その中でもさらに最高峰と言われるブランド「大間まぐろ」は、今や知らない人はいないでしょう。

毎年、豊洲市場の初ゼリでも話題となるのは、大概「大間まぐろ」です。２０１９年には「すしざんまい」で知られる株式会社喜代村が、１本３億３３６０万円の過去最高値で競り落としたことは、もはや伝説的です。

このように誰もがその凄さを知っている「大間まぐろ」ですが、なぜここまで評価が高いのでしょうか。この点を「大間まぐろ」の流通過程を辿りながら解説していきましょう。

そもそも魚の価値はどのようにして決まるのでしょうか。価値は、需要にもよるところがありますが、当然ながら品質の高い魚であれば高い価値が付きます。

では、魚の品質はいかにして決まってくるのでしょうか。これは、魚がどのようにして獲られ、どのようにして流通してきたか、つまりは「流通過程」によって決まります。

まず、「大間まぐろ」の魚そのものについて見ていきましょう。魚種はクロマグロになります。これは、国内でマグロとして流通しているものの中で最も高い値段が付く本マグロです。なお、クロマグロの種に関しては、生物学上さらに細かく分かれることが近年有力ですが、ここでは流通上のクロマグロとします。

クロマグロは広範囲を回遊する魚です。日本近海に生息するクロマグロの回遊ルートは正確には分かっていませんが、産卵場は沖縄や能登半島以西の日本海側といわれています。卵から孵化したマグロは、エサを食べながら海流にのって北へ進んでいき、大間の沖、北海道と青森県の境にある津軽海峡にたどり着く頃には立派な魚体に成長します。

さらに、津軽海峡自体、様々な海流が交わることでプランクトンが集まり、栄養豊富な海域になっています。マグロは、イワシなどの小魚やイカをエサとしますが、津軽海峡ではエサたちも肥えています。その結果、さらに栄養を蓄えることとなります。また、急流の津軽海峡がマグロの筋肉を鍛えていきます。このようにして、大間のマグロは最高峰の品質に育ち上がるのです。

魚が凄いことはお分かりいただけたと思います。その次は、獲り方です。テレビで見てご存じの方もいるかと思いますが、「大間まぐろ」の漁法は、「一本釣り」もしくは釣針をたくさんつけた縄で獲る「延縄《はえなわ》」です。マグロの漁法は網で獲る方法もありますが、釣りは魚体が傷みにくい漁法です。特に一本釣りは、掛かってすぐに揚げられ、魚体が最も傷みにくい漁法の1つになります。

そして、獲られた後はどうなるのでしょうか。「大間まぐろ」は小型船による漁のため、その日のうちに陸に水揚げされ、すぐにセリに掛けられ、冷蔵で流通していきます。そうして、並ぶのが豊洲市場のセリ場だったりするわけです。

つまり、最高峰のマグロを、最も良い獲り方で獲り、新鮮なうちに運んだ結果、最高峰の品質と評価されるようになり、「大間まぐろ」はその地位を築き上げたのです。

このように、魚の品質は、どのような流通を辿ってきたかによって決まります。魚の品質を判断する際には、この流通過程を見ることが基本になってきます。

ALL ABOUT THE FISH BUSINESS

6

高級寿司と回転寿司は何が違うのか

寿司は今やバリエーションも豊かになりました。１食何万円もする高級な寿司もあれば、１食１０００円以内で済んでしまう回転寿司のような安い寿司もあります。

同じ寿司であるのに、なぜここまで差が生じてしまうのでしょうか。

この章の最後では、高級寿司と回転寿司は何が違うのかを話しながら、寿司という料理の性質について述べていきます。

高級寿司と回転寿司の違いは、他のもので例えるなら、靴の世界における「オーダーメイドでつくる革靴」と、「量販店で売られているスニーカー」の違いのようなものです。前者は数十万円以上、一方で後者は数千円という値段の差があります。

前者は１人ひとりに合わせて上質な素材を使い丁寧に作られる一方、後者は安価な材料を使って大量生産されるため値段に差が生じます。ただ、どちらが良い悪いではなく、使う用途やシーンによって両方に存在価値があると言えます。寿司の場合も、ほぼこれと同じです。

高級寿司の場合、まずネタはその日の入荷状況によって最高のネタが仕入れられます。それを職人があれこれと処理をし、場合によっては何日もかけて最高の味を引き出します。シャリや海苔、ワサビといったものにもベストなものこだわり、その価格は私たちの日常からは想像もできないくらいに高価な場合もあります。

それらの食材を、その日その日、その人その人の状況に合わせて最高の状態で提供してくれるのが高級寿司なのです。

こうして作られる高級寿司は、高品質を通り越して芸術的でもあります。素材と手間、そして技術のすべてにおいて突き詰めているからこそ、高い値段となるのです。

一方で回転寿司の場合は、その日その日の入荷状況に極力左右されないように仕入れを行います。冷凍魚や養殖魚も駆使しながら、味が良いネタをまとめて安く買い付け、その時々で出していきます。

また、調理は機械やマニュアルを使って誰でもできるようにし、いつも同じ味を出せるようにします。シャリや海苔、ワサビといったものも大量に安く仕入れて使います。これらを合わせ、なるべく同じ品質の寿司を広範囲に提供し、多売でビジネスを成り立たせるのが回転寿司です。

こうして作る回転寿司なので、価格を抑えることができます。ただ、安いといっても決して不味くはないはずです。むしろ、美味しくてコストパフォーマンスの良い食べ物だと思っている人が多いから、人気になっているのでしょう。

以上のように、高級寿司と回転寿司はまったく違う性質のものを提供しています。前者は特別な際の食事や芸術性を楽しむものとして、後者は日々の生活の中で食事を楽しむものとして、人々に満足感を与えていることでしょう。

寿司は、様々な形に変わることができ、様々なニーズやシーンにも溶け込める素晴らしい食べ物です。世界各地の老若男女すべての人に向けて、それぞれに合わせた形で、魚を使って満足を提供できるのが寿司という食べ物です。寿司って本当に素晴らしいですね。

ALL ABOUT THE FISH BUSINESS COLUMN

回転寿司の歴史

私たちが普段の生活の中で、最も魚を手軽に食べられる場所「回転寿司」。回転寿司は、伸び悩む外食産業の中でも年々伸び続けてきた花形です。

ここでは回転寿司について、その歴史をさぐっていきましょう。

初めての回転寿司が誕生したのは1958年。東大阪市にオープンした「廻る元禄寿司」が、回転寿司1号店と言われています。独特の回る台は、ビール工場のベルトコンベアをヒントに開発されました。

これにより、提供スピードが上がり、高級だった寿司は大衆食としても楽しめるようになりました。

その後、同じく大阪府を拠点に創業したのが「くら寿司」（1977年、堺市）と「スシロー」（1984年、豊中市、当時「すし太郎」）です。栃木県宇都宮市では「廻る元禄寿司」のFC（フランチャイズ）として出発した「元気寿司」が、1990年に商号を変えて始動します。そして、元気寿司は、1993年に海外（ハワイ）にも出店を開始します。

2000年代になると回転寿司大手の全国チェーン化が進んできます。すき家などを運営するゼンショーグループは、2002年から子会社を設置して「はま寿司」を展開。「かっぱ寿司」も2000年前後には大型店舗を展開し始めます。

この頃になると、「1皿100円」というスタイルを取る全国チェーンも多くなりました。さらには、回転寿司の業務効率化の流れが加速化します。今ではお馴染みのタッチパネルによる注文方式は、くら寿司で2002年に登場します。

そして、2009年に元気寿司が新たに展開した新ブランド「魚べい」が業界に衝撃を与えます。なんと全店で寿司を回転させるのを止めたのです。今でこそ、「回らない回転寿司」は当たり前ですが、当時この発想は画期的でした。

その後も回転寿司は拡大し続けています。帝国データバンクの調べによると、「回転すし」市場は、2021年度に過去最高水準の7400億円規模となりました。回転寿司は、魚ビジネスにおいて、これからも重要な位置を占めていくことは間違いないでしょう。

第2章

「ファーストペンギン!」から学ぶ漁業の世界

Chapter 2 :

The world of fishing industry

ALL ABOUT THE FISH BUSINESS

1 急拡大する鮮魚の直販ビジネス

第2章では、生産者による鮮魚の直販ビジネスを主な題材として、漁業の世界を解説していきます。

私は、2022年10月から12月に日本テレビ系列で放送されたドラマ「ファーストペンギン！」にて漁業監修を務めました。

このドラマは、シングルマザーが漁師たちと鮮魚の直販ビジネスを立ち上げる物語です。実話に基づくフィクションで、山口県萩市で鮮魚の直販ビジネスを始め、紆余曲折の末に一大事業に育て上げた坪内知佳さんと萩大島船団丸がモデルになっています。

萩大島船団丸の直販ビジネスは、漁師自らが獲れた直後の魚を丁寧に扱い、箱に詰め、高品質の魚を送るというものです。

一見シンプルに思えますが、漁師が直販をするためには、長く続いている流通上の商慣習を打破する、という大きな壁を乗り込える必要があります。

一般的な鮮魚流通は、漁師が獲った後、漁協が主宰するセリを通じて買参権を持つ仲買に販売され、魚屋やスーパー、飲食店を経て消費者の元に届きます。この時、漁協は手数料を徴収して運営を成り立たせており、仲買も相応の金額を支払って買参権を得ています。

そのため、漁師がこの流れを飛び越えて直販するとなると、普通は反感を買います。

萩大島船団丸でも、通常の流通にはのらない混獲魚を中心に販売したり、漁協や仲買に手数料という形でお金を入れたりと工夫と配慮をした上で直販を実現しました。

萩大島船団丸が直販ビジネスを始めたのは２０１０年頃ですが、他社を含め、この頃の鮮魚の直販ビジネスは、もっぱら飲食店向けでした。萩大島船団丸でも坪内さんが自ら都市部の飲食店に直接足を運んで関係を築き、注文をいただくというスタイルを取っていたのです。

なぜ飲食店向けに広まったのかというと、これには魚という食材の扱いの難しさが関係していると考えられます。

まず、魚は種類が多く、やり取りをするだけでも相応の商品知識は必要となります。また、魚は状態も変化しやすく、それなりの調理スキルが必要となります。

そのためか、一般消費者への直販は最初あまり普及しませんでした。

このような状況が変わり、一般消費者への直販も盛んになってきたのは、2020年代に入ってからです。大きなきっかけは、コロナ禍でした。

飲食店が軒並み営業自粛を余儀なくされ、鮮魚の流通が滞ると、生産者を支援しようとインターネットの直販を通じて魚を買う動きが消費者の間で活発化しました。

この頃、私もこの動きを取材しており、2021年4月11日のダイヤモンド・オンライン「魚が売りづらかったECで突如取引が急増した理由」という記事にまとめています。

このときに取材をした産直ECプラットフォームを運営するポケットマルシェ(現:雨風太陽)からは、「2020年5月に水産品の販売個数が前年比で70倍になったのをピークに、前年比10倍以上の月が続いています」という激動の状況を伺いました。

「ファーストペンギン!」のモデルとなった坪内さんらも、同時期に消費者向けの直販サイト「sendanmaru.com」を始められ、やはりかなりの引き合いが続いているとのことです。

もちろん、一般消費者への直販が広がった理由は、コロナ禍だけではありません。コロナ禍はキッカケにすぎず、そうなる下地がそれまでに整っていたことが要因といえます。

その要因は、先に挙げたポケットマルシェのような、生産者が簡単にＥＣを構築できるプラットフォームが出てきたこと。また、様々な魚を捌く動画がYouTubeにもアップされ、消費者がインターネットを通じて魚の知識を得やすくなったことも関係しています。

そして何よりも、既存の流通が先細る中で、現状を打破したい地域の生産者や漁協、仲買が増えてきたことも大きいでしょう。そのような流通の川上にいるプレイヤーが、ＳＮＳ等を通じて川下の消費者ともコミュニケーションを取りやすくなったことで、コロナ禍の爆発的な伸びにつながったものと分析されます。

このように、現代では生産者からも直接買いやすくなった魚ですが、その生産現場にはどのような世界が広がっているのでしょうか。ここからは具体的に見ていきましょう。

ALL ABOUT THE FISH BUSINESS

2 歴史を知ると漁業の現状が分かる

今、漁業はどのような状況なのか、これを一言で説明するのは非常に難しいといえます。なぜならば、漁業といっても様々で、現場ごとにあまりにも状況が違いすぎているからです。その理由は、歴史を紐解くと分かってきます。

日本は四方を海に囲まれた島国です。太古の昔から、人々は食料を調達するために魚を獲っていました。現代では流通が発達し、全国各地に留まらず世界中の魚が食べられるようになりましたが、日本人が魚を食べ始めた当初はそのような状況ではありません。多くの地域では、その土地で思い思いに魚を獲って食べていました。

それぞれの浜で思い思いに魚を獲っているとどうなるでしょうか。浜ごとで獲り方も違えば、道具も違い、ルールも違うという状況になります。

この背景には、日本が南北に長く、海の状況が地域ごとにまったく違うことにも起因しています。分かりやすいところでは、北海道と沖縄だと海の状況や獲れる魚はまったく異なります。すると当然、狙う魚や方法、ルールというものも違ってきます。

このような中、今の漁業の基本ともなっている「漁業権のルール」や、「漁協が浜を取り仕切る体制」が作られたのは明治期から昭和初期にかけてのことです。

このときに制定された漁業法の基本的な考え方は、ルールの大枠だけを定め、あとは都道府県や地域の漁協に任せるという考え方をしています。

漁業の制度やルールについては、昨今の水産資源管理への関心の高まりもあり、議論が活発化しています。しかし、浜ごとに状況が違う中、一括りに語るのは難しいところがあります。

この状況はスポーツに例えると分かりやすく、野球とテニスというまったく違う競技がある中で、スポーツ全体のルールを決めることに近いといえます。この際に、野球界のことだけを考えていては、テニス界からの反発があるでしょうし、逆も然りでしょう。

では、漁業の現場はどのくらい違うのか、実際の例をご紹介しましょう。両極端に違うところで、私が実際に操業に立ち会ったことのある三陸の大型鮭定置網と、対馬の釣り漁で比較をしてみたいと思います。なお、それぞれ一例の話ですので、そうでない場合もあることはあらかじめご了承ください。

まず、三陸の大型鮭定置網の場合、中型の船で操業時の人数は10数名ほど。会社のような組織で動いており、大きくは漁の判断をする漁労長ともっぱら作業をする乗り子に役割が分かれます。そのため、大型定置網漁業の漁師になりたい場合は、乗り子からスタートするのが一般的です。

漁は、午前3時くらいに港を出港。数十分掛けてあらかじめ海に設置してある定置網に向かいます。定置網は、魚が回遊するルートに網を設置して網の中に誘い込む漁法で、船で向かう際には魚が網の中にいるので、それを揚げるだけの作業となります。

早朝にかけて網を揚げ、鮭を何百キロ~トン単位で大量に獲り、船に積んで午前9時頃には港に帰港し、鮭を水揚げします。水揚げした鮭は、すぐにセリに掛けられますが、卵を抱えるメスの値段が高く、1回の操業で何百万円以上の金額になります。

一方で、対馬の釣り漁の場合、小型の船で操業時の人数は1名~3名程。個人商店のように組織化はされておらず、船に乗る漁師は漁労長と乗り子の役割を両方こなします。釣り漁の漁師になりたい場合は、雇われるのも手ですが、早くに独立することも難しくはありません。

漁は、夜7時くらいに港を出港。数十分掛けてポイントに到着すると、魚群探知機でサバ、カツオ、ブリ、ノドグロなどの目当ての魚を探し、エサをつけた釣り糸を入れていきます。魚が釣れたら1匹1匹を丁寧に締めて、魚倉《ぎょそう》（漁船で漁獲物をしまっておくところ）に入れていきます。これを繰り返して、日が変わる頃には漁を止めて帰港します。

水揚げした魚は、処置をした後に明け方以降のセリに掛けたり、自家出荷したりと様々で、1回の操業で数万円～数十万円程度の金額になります。

いかがでしょうか。まったく違う世界が広がっていることがお分かりいただけると思います。ちなみに、漁業は一次産業として農業とも一括りにされて語られがちですが、特に天然物を採捕するという点でまったく違う産業です。

まずは、漁業の世界を知るにあたり、現場は野球とテニスくらいにまったく違うということを頭に入れておきましょう。

ALL ABOUT THE FISH BUSINESS

3

漁法によって変わる魚の質

突然ですが、同じ魚でも値段が違うのはなぜでしょうか。

例えば、サバ。スーパーで売られているサバは、安い時なら1尾400円程で買えますが、ブランドサバの「関サバ」ともなれば、1尾4000円以上はしてきます。両者には10倍程の差がありますが、この差が生まれるのは魚そのものの質に加えて、漁法や扱い方の違いによるところが大きいといえます。

魚という食材は、同じものでも「どういう扱い方をされてきたか」によって品質が変わってきます。そして、その扱い方の中で、まず差が生まれるのは漁法です。具体的に説明していきましょう。

1尾400円程で買えるサバの場合、網で大量に獲る漁法で獲られています。大量に獲れば安くできるという側面もありますが、固めて獲る中で魚同士が擦れてしまうため、身が傷みやすくもなります。

また、大量がゆえに、１匹１匹に丁寧な扱いを施すことも難しくなります。魚の締め方は、氷水の魚倉《ぎょそう》に入れることで行われる野締めが一般的です。

それでも、日本の魚の扱い方は世界的に見ればかなり丁寧で、すぐに流通されればまったく問題ない鮮度で美味しくいただくことができます。しかし、次に述べる関サバと比較をするなら、その差は歴然です。特に、魚の扱いによって鮮度が落ちる早さが変わるので、時間が経ってからの差は大きなものとなります。

１尾４０００円以上する関サバの場合、１匹１匹を丁寧に釣り上げる一本釣り漁で漁獲されます。一本釣り漁は、他の魚と擦れることもなく、針に掛かってからすぐに釣り上げられるため、魚がほとんど傷みません。

さらに、釣り上げられたサバは、いっさい手で触れず、魚倉《ぎょそう》の中で生かされたまま水揚げをされ、生きたままセリに掛けられます。

そもそも関サバは、大分県沖の潮の流れが早い豊後水道に生息し、寄生虫が寄りつかないくらい身が鍛えられています。それもありますが、以上のようなとびきりに良い扱いをされているため、お刺身で食べることも推奨できるくらいに鮮度が抜群なのです。これが、安いサバとは10倍程の価格差を生んでいる理由となります。

ただ、網漁が悪いというわけではないので、誤解をしないでください。網漁の場合は、その中でできる鮮度保持方法の最善も尽くして、大量のサバをリーズナブルに届けることができます。

高いサバしかないのも困りますし、どちらが良いのかは、扱う場面によるわけです。

また、網漁の場合でも、その後に神経締めや血抜きなど、1匹1匹に丁寧な扱いを施してやることで魚の質も変わってきます。逆も然りで、いくら関サバといっても競り落とした後の扱いが悪ければ、品質が悪くなってしまいます。

そういったことを前提にしつつ、ここからは主な漁法とその強みをご紹介しましょう。

①まき網漁

表層に泳ぐ魚を網で囲って揚げる漁法です。アジ、サバ、イワシなどの群れで泳ぐ魚を漁獲するのに適しています。同種の魚をまとめて漁獲できる点が強みです。

②曳き網漁

水中に網を入れ、それを曳くことで魚を漁獲する漁法です。しらす漁も原理的にはこの方法です。また、海底付近を曳くのが底曳網です。浅いところだけでなく水深２００m以上の深海でも行え、様々な水深で様々な魚をまとめて漁獲することができるのが強みです。

③定置網漁

魚が回遊するルートに網を設置して網の中に誘い込む漁法です。主な魚種を狙って設置することがほとんどですが、結果として様々な魚が入ります。魚体に負荷が掛かるのが網を揚げる一瞬なので、網漁の中では傷みを抑えられるのが強みです。

④刺し網漁

細い糸の網を水中に張る漁法です。しばらく設置しておくと、泳いできた魚が網に刺さります。それを揚げて魚を網から外してやることで漁獲します。網漁の中では、小さな船でも操業が可能で、釣り漁よりは量が獲れるのが強みです。

⑤一本釣り漁

釣り糸に針を付けて魚を1匹1匹釣り上げる漁法です。魚が擦れることが少なく、掛かってすぐに揚げられるため、鮮度抜群な魚を提供できることが強みです。また、小さな船でも操業できることも利点です。

⑥延縄漁

「はえなわりょう」と読みます。釣り針を大量に付けた縄を投入し、しばらく待ってから揚げることで漁獲する方法です。原理的には一本釣り漁と同じで魚体の傷みを軽減できるのが強みで、獲れる量も多くなります。ただ、魚が掛かったとしてもすぐには釣り上げられないため、一本釣り漁よりは魚が傷むことが多くなります。

⑦かご漁

カニやタコ、貝類などを獲る際に特に用いられる方法です。かごを設置してしばらく待ってから揚げることで、そこに入った海産物を漁獲します。傷みを軽減し、鮮度を保持できるのと、水深が深いところにも設置しやすいのが強みです。

⑧銛突き漁

銛を持って海に潜り、狙った魚を直接突いて漁獲する方法です。突きどころを間違えなければ、傷みも抑えられるため鮮度抜群な魚を提供できるのが強みです。また、目視で狙った魚を正確に漁獲できるため、資源管理も特にしやすいといえます。

いかがでしょうか。漁法が様々にあることがお分かりいただけたと思います。同じ魚でも、まず獲り方が変われば、品質も変わります。このことを知っておきましょう。

ALL ABOUT THE FISH BUSINESS

4

「おまかせBOX」が多いのはなぜか

直販ビジネスを利用する際、漁師側が困るのは、「日付指定・魚種指定」の注文です。例えば、「結婚式の日に、生のノドグロが欲しい」と注文されるのは最悪です。

私は漁師をしている実家から魚を送ってもらって食べる「さかなの会」を長く行ってきました。このとき実家から繰り返し言われたのは、「日付指定・魚種指定はやめて欲しい」でした。

その理由は、指定された日付に届けられる日程で、漁に出られるか分からないからです。また、漁に出られたからといって、「何が揚がるのか」「本当に揚がるのか」は実際に漁をやってみないと分かりません。もちろん漁師も狙いを定めて魚を獲りますが、その通りに獲れるかは分からないのです。

このような自然に左右される生産方法のため、「日付指定・魚種指定」の注文は、漁師側からすると「勘弁して」となるのです。では、どう頼めば良いのでしょうか。

まず、「いつでも良いから生のノドグロを送って」の「日付未指定・魚種指定」のパターンは問題ありません。「結婚式の日に何でも良いから生の赤い魚を送って」の「日付指定・魚種未指定（あるいは、魚種に幅を持たせておく）」も、時化《しけ》が続かなければ大丈夫でしょう。もっとも、生ではなくて「冷凍でも良い」のであれば、日付指定・魚種指定でも大丈夫です。

そして、最も助かるのは、「日付未指定・魚種未指定」です。つまりは、「何でもいいし、いい魚が獲れた時に送って」が漁師側からすると最高の注文です。こうすることによって、本当に良い魚を手頃な値段で送ってもらえることにもつながります。

ところで、鮮魚の直販ビジネスで「おまかせＢＯＸ」という形を取っていることが多いのも同じ理由です。これは、魚種未指定ということになりますから、漁師としても出荷しやすい形なのです。

このように漁は基本的に読めないですし、指定された魚を出荷できるかどうかは、不安定なものです。可能な範囲で幅を持たせて注文することが、大事になるのです。

ALL ABOUT THE FISH BUSINESS

5 「サンマが食べられなくなる」は本当か

現在、漁業の世界では、「魚が獲れなくなった」という話をよく耳にします。

例えば、ここのところ続いている「サンマの不漁」。かつて1尾100円以内で買えていたものが、現在ではその倍以上することも普通になってきました。「このままではサンマが食べられなくなるのでは？」と思う方もいらっしゃるのではないでしょうか。

ここからは、サンマのような「魚の資源変動がなぜ起こるのか」という話の基本的なところからしていきましょう。

実は、サンマが獲れなくなるという現象は、1970年代や1980年代にもありました。2020年に水産研究・教育機構のサンマの資源について調査研究を行っている研究員に伺ったところ、かつてと今の海の状況は似ているとおっしゃっていました。

サンマに限らず、「魚の資源は自然に変動する」ということは、様々な研究で言われています。

これに対して「サンマがいなくなったのは獲りすぎたからだ」という人がいます。特に近年サンマは、台湾や中国などでも人気で、日本以外の船もサンマを獲るようになりました。

では、これらの国のせいでサンマがいなくなったのかというと、それは違います。これは毎年調査されている資源量に対して、外国船も含めた漁獲の割合が多くなかったことが物語っており、先述の研究員も同じ見解を示していました。

つまり、２０１０年代後半からのサンマの減少については、ひとまず、海洋環境の変動によるということが濃厚です。ただ、ここからの話は違います。

サンマが減ってきたにも関わらず、同じように獲り続けていれば、漁獲の割合はだんだんと多くなっていきます。するとそれがサンマの減少に拍車をかける事態になり、さらには長い間サンマが増えない事態にもつながりかねません。

ここで大事なのは、同じサンマの資源を獲っている人たちが、全員で示し合わせて獲る量を調整することです。現在、その国際的な話し合いは、日本、中国、台湾、ロシアなどが集まる「北太平洋漁業委員会（NPFC）」で行われています。そこでは、「海域全体で2023～24年の年間漁獲量を22年に比べて約25％削減する」などといったことが合意されています。

サンマの資源が自然に増えることは、これまでの歴史が物語っています。自然条件が整い、その時が来れば、また増えてくることでしょう。しかし、その前に漁獲圧を下げられずに獲り尽くしてしまえば、回復にも時間が掛かると思われます。

「サンマが食べられなくなるかどうか」はその調整次第、というのが実際のところでしょう。

さて、ここまではサンマの話でしたが、魚の資源変動について今一度まとめましょう。魚の資源変動のメカニズムは、多くの場合、正確には分かっていません。ただ、よく言われる要因は次の3つで、それらが関連して起こるというのが一般的な見解です。

①海洋環境の変化

水温や海流、それに伴うプランクトンや他の生物の増減など、海洋環境の変化は魚の資源量に影響を与えます。

②漁獲による影響

人が魚を獲ることで魚が減り、子孫を残せなくなることで資源量が減ります。ただし、魚は自然に再生産されるため、一定の親を残せれば影響はごく少なく済みます。

③人の手による環境変化

土木工事等により水の循環が妨げられたり、森林の伐採で海への栄養が行き届かなくなったり、水の浄化をしすぎて栄養がなくなったりといった例。人の活動によって環境に変化が生じれば、魚の資源量にも影響が生じ得ます。

ここで覚えておいていただきたいことは、偏った見解を言う人には注意が必要だということです。そこには、自らにとって有利な見解に持っていき、自らの利益になる展開にする意図があることも多いのです。

例えば、「魚がいなくなったのは、漁師が魚を獲りすぎたからだ」という人がいます。それには、漁師を弱体化させることで流通の主導権を握る、または海を別のことに利用しようとしている勢力が加担していることもあります。あるいは、工事や獲りすぎで魚が減ったのに、気候変動のせいにして責任を逃れたい人もいるでしょう。

魚の資源変動に関する情報は、このようにドロドロしたフィルターを通して伝わってくることを覚えておきましょう。

ALL ABOUT THE FISH BUSINESS

6

漁業法の改正　その意味とは

２０２０年12月、日本の漁業の歴史の中で、大変大きな出来事がありました。それは、実に70年ぶりに改正された漁業法が施行されたことです。

この漁業法の改正は、「漁業に関わっていない限り、関係ないでしょう」と思われがちです。ただ、流通や食文化、さらには海上利用などにも今後影響を及ぼしかねません。また、魚ビジネスを把握する上では避けて通れないところですので、少々難しくなりますがご説明しましょう。

まず、この漁業法の改正で大きく変わったのは、「資源管理方法」「海面利用方法」「密漁対策の強化」の3点となります。この中で最も目玉となったのが、「資源管理方法」です。

では、資源管理方法がどう変わったのでしょうか。この話をするために、資源管理の基本的な知識が必要となるので、先にご説明しましょう。水産資源管理の方法は、大きく次の3つに分かれます。

(1)インプットコントロール(投入量規制)

漁業権を設けて漁船の数や大きさを制限するなど、魚を獲る機会を管理するものです。

(2)テクニカルコントロール(技術的規制)

網目の大きさを制限する、禁漁区を定めるなど、漁獲の効率性を管理するものです。

(3)アウトプットコントロール(産出量規制)

魚を獲っても良い量を計算して定め、漁獲量を管理するものです。

正確にはまた違うのですが、イメージとしては、次の式の(1)〜(3)のそれぞれを管理するものと考えると分かりやすいです。

(1)網を入れる回数 × (2)1回あたりの漁獲能力 × 外的要因 = (3)漁獲量

これまでの日本の資源管理は、主に（1）と（2）を制限する手法が取られていました。これを（3）を制限するやり方に変えていこうというのが、今回の法改正の最たるところです。

ではなぜ、アウトプットコントロールに舵を切ったのでしょうか。これには、様々な見方がありますが、「科学的、定量的に魚の資源を管理すべき」という国際的な論調によるところが強いといえます。

「ノルウェーの漁業は儲かっていて素晴らしい」という話を皆さんも耳にしたことはないでしょうか。ノルウェーなど、欧米の漁業国が主軸に据えている資源管理方法は、（3）のアウトプットコントロールになります。

この方法の良いところは、獲る量そのものを定量的に管理するため、計画のズレが生じにくく、科学的ということです。いくら漁船の数を制限し網の目を制限しても、実際どのくらい獲れるのかは分かりません。それに対して、漁獲量そのものを制限してしまえば、獲れる量は確実にコントロールできます。

「ノルウェーは、このようにして確実に魚が減らないようにし、価値を高め、効率よく漁業を行った結果儲かっているのだ。だから、見習うべきだ」「水産資源を護るため、日本もこのやり方で確実に科学的に水産資源を管理すべきだ」など、平たく行ってしまえば、そんな論調が増し、法改正に至ったと思って良いでしょう。

ただ、アウトプットコントロールにはデメリットもあります。

その1つは、コストが掛かるという点です。まず、1つ1つの魚種に対して、資源量を調査・分析して、獲って良い量を算出する必要があります。また、突き詰めていけば、獲っても良い量が客観的に正しいのか、外部機関に認めてもらうプロセスも生じます。

この費用が莫大で、日本の中小規模の漁業者はとても負担できない金額となっており、まったく現実的ではありません。

また、多様な魚種を扱う際には向いていません。魚の資源は、食物連鎖やエサ、棲む場所の取り合いなどで互いに関連し合っています。つまり、「イワシが増えれば、サバが減る」といった具合に、ある魚を護るとある魚が減る事態になります。

確かに、すべての魚種の資源量を定量的にモニタリングして管理することが理想ではありますが、莫大なコストが掛かります。しかも、モニタリングして管理したところで、どちらかを増やせば、どちらかが減るという事態にもなりかねず、収集がつかなくなります。

であれば、元々の日本がやっていた、船の数や網目を規制し、あとは利用する魚種を万遍なく獲った方が話は早いです。

話が回りくどくなりましたが、ここで言いたいことは、資源管理の方法に絶対はないということです。大規模に単一魚種を獲るのであればアウトプットコントロールが向いていますし、小規模に様々な魚種を獲るのであればインプットコントロールとテクニカルコントロールを組み合わせた方が向いているのは明らかです。

ノルウェーの漁業を取り巻く状況と、日本の漁業を取り巻く状況はまったく違います。ノルウェーは、大規模に単一魚種を獲る漁業に特化しています。しかし、日本は大規模に単一魚種を獲る漁業者もいれば、小規模に様々な魚種を獲る漁業者もたくさんいます。また、ノルウェーは市場が海外にあり冷凍魚がほとんどなのに対し、日本は市場が国内にあり生の鮮魚も多い点も違います。

「アウトプットコントロールは、獲る量を決められてしまうため、あとは単価を上げようとして儲かるようになる」という人がいますが、それは出荷調整がしやすい冷凍魚だからできることです。生の鮮魚の場合、魚の値段は、その日の入荷量で決まり、どんなに良い魚でも入荷が多ければ安くなってしまいます。

　このような中で、資源管理の方法は本来、一元的に定められません。このため付け加えられたのが、「アウトプットコントロールが有効と認められた場合に順次移行する」という規定です。

　つまり、改正漁業法の肝を一言で言えば、「資源管理方法を個別の現場に合った形で調整して適用していく」ということです。


　逆にいえば、これまでの資源管理方法は、もっぱら小規模漁業向けのもので、特に大中規模の漁業には必ずしも馴染みませんでした。それを改め、様々な漁業が栄えていけるように制度を柔軟にしたのだと解釈することもできます。

　ただ、改正漁業法は「海面利用方法」に関する変更と合わせれば、その運用次第で特に、小規模漁業者を潰すこともできてしまいます。辻褄を合わせて少ない漁獲枠を割り振り、枠をオーバーして漁業権を取り上げられるか／魚を十分に獲らずに潰れるか、そんな選択を迫ることもできるのです。

　この点が流通や食文化、海上利用にも影響をおよぼしかねないという理由です。実際のところ、ノルウェーでも小規模漁業はなくなっていますし、小規模漁業が多かった英国ではアウトプットコントロールは、うまく機能せず漁業者が苦しみ、問題となりました。今後の運用次第でいかようにも転ぶ状況にありますので、注視していく必要があるでしょう。

ALL ABOUT THE FISH BUSINESS COLUMN

ふるさと納税の魚

直販ビジネスとは少し違いますが、「ふるさと納税」でも生産者から直接魚を取り寄せることができます。

「ふるさと納税」は、好きな自治体を選んで寄付をすると2000円を超えた部分で税金が控除される制度です（ただし、控除額には上限あり）。そして、多くの場合、寄付のお礼として地域の特産品（返礼品）が送られてきます。すっかり、お馴染みになったのでご存じの方も多いと思いますが、つまりは寄附者側からすると実質2000円負担で様々な地域の特産品を楽しめるのです。

ふるさと納税の制度が始まったのは、2008年。私は、この制度を開始当初から追ってきました。

返礼品が登場したのが２０１１年頃。その後返礼品が拡充してくると、お得感のみを前面に押し出した返礼品選びに私は疑問を感じるようになりました。そして、ふるさと納税のポータルサイト「ふるさとチョイス」に「食の専門家が、良い返礼品を選ぶ」という特集企画を持ちこんだのです。

その最初の記事「【お礼の品徹底比較】プロが選ぶおすすめのうなぎ20種類の特徴まとめ」は、今でも「ふるさと納税　うなぎ」で検索すると上位に来ますし、よく読まれています。これをきっかけに、お米やお肉、お酒といった他の専門家とも連携をして、本当に質の良い返礼品が選ばれるように活動を続けています。

ふるさと納税の返礼品には、鮮魚も含む様々な地域の魅力的な魚もラインナップされており、生産者が直接出品しているものもあります。

では、ふるさと納税と直販の違いはどんな点にあるのでしょうか。

ふるさと納税は寄付金控除の制度であり商取引ではないことや、寄付したお金がその地域の発展のために使われること、実質２０００円負担で良いという基本的な部分は当然ですが、次に挙げる点も違ってきます。

それは、「直販では手に入らない魚介も手に入る」という点です。

生産者側からすると、直販を行うためにはECサイトを開設したり、顧客とやり取りをしたりと相応な手間がかかります。生産者は本来、食糧を生産することが本業のため、そこまで手が回らない方々も多くいらっしゃいます。

しかし、ふるさと納税は、その商流にあたる部分を自治体が担ってくれます。つまりは、直販体制を自ら構築するよりも手間が掛からず、手が回らない生産者でも出品しやすいのです。そのため、通販では手に入らないユニークな魚も多数出品されています。

魚好きな方がふるさと納税をされる際には、そういった視点でいろいろと探してみると思わぬ掘り出し物があるかもしれません。また、魚ビジネスをされる方も出品者側として大いにふるさと納税を活用されると良いでしょう。

第3章

近大マグロから学ぶ養殖の世界

Chapter 3 :
The world of aquaculture

ALL ABOUT THE FISH BUSINESS

1 近大マグロは何がすごいのか

第3章では、近大マグロを主な題材として、養殖の世界を解説していきます。

近大マグロといえば、世界で初めて完全養殖に成功した近畿大学水産研究所が手掛けるクロマグロ。あまりにも有名なので知らない人はいないでしょう。

ただ、何がすごいのか、きちんと理解されている人は少ないのではないでしょうか。

近大マグロというと、取り上げられる際にそのビジュアルとして、迫力のある大きなマグロの画像が使われがちです。大きなマグロの画像は人の目を惹きますが、私はそれを見ながら内心「本当はそこじゃないんだよな」と思ってしまいます。

なぜなら、近大マグロのすごさは「世界で初めて完全養殖に成功した」点にあるからです。そしてポイントは、マグロが卵から孵化してから幼魚になるまでの間にあります。

つまり、本当にすごい部分は「マグロの子供の飼育方法を完成させた点」にあるので、大きなマグロの画像に対して「本当はそこじゃないんだよな」と思うわけです。

ここからは、クロマグロの完全養殖を達成するまでのお話をしていきましょう。そもそも「完全養殖」と単なる「養殖」は何が違うのでしょうか。

単なる「養殖」は、魚や海藻、貝などを人工的に育てる生産方法を広く言います。従来のクロマグロ養殖は、幼魚を海から獲って育てる方法で行われ、この方法は「蓄養」と呼ばれます。近年、水産資源の減少が問題となっていますが、蓄養の場合は、結局、天然資源を消費することになってしまいます。

これに対して、完全養殖は、「人が育てたマグロから卵を産ませて、その幼魚をまた育てて卵を産ませる」というサイクルを繰り返します。こうすることで、天然資源に頼らずともマグロの生産を行えるようになります。

しかし、この完全養殖は当初、生態がよく知られていなかったクロマグロでは、不可能とまで言われていました。

日本でクロマグロの養殖研究が始まったのは１９７０年。水産庁の3年計画のプロジェクトに近畿大学も加わりましたが、そこではうまくいかず、単独研究を続けました。そこから、完全養殖を達成する２００２年までには実に30年近くの歳月が掛かります。

その苦労に苦労を重ねた研究の一端をご紹介しましょう。

最も期間を要したのは、採卵の過程です。当初は、マグロがどのような条件下で産卵を行うのかが分からず、卵が確保できない期間が10年以上も続くことになりました。

その後、近大の生け簀がある和歌山県の串本では、21時以降に産卵が始まることが分かり、１９９４年以降に安定的な採卵を行えるようになります。

こうして、卵からふ化するところまでたどり着くも、今度は仔魚が大量死することとなります。これに対し、水槽の底に沈みすぎたり、逆に水面まで浮かびすぎたりすることが原因と突き止め、水流を調節するなどして10日目の生存率を10％程にまで高めました。その後も研究を続け、今では、ふ化後に浮き袋を形成した後に水面に油膜を張るという方法を開発し、生存率を40％～60％程にまでに高めています。

このような課題解決を繰り返した結果、クロマグロの完全養殖を達成したのです。

近大マグロは、関連会社のアーマリン近大が大阪や東京で運営する飲食店「近畿大学水産研究所」でも食べることができます。その際には、この偉業を噛み締めながら食べると、一層美味しくいただけることでしょう。

ALL ABOUT THE FISH BUSINESS

2

養殖の魚は天然の魚と何が違うのか

そもそも養殖の魚は、天然の魚と何が違うのでしょうか。そして養殖の意義とは何なのでしょうか。ここからは、その基本的な問いに答えていきます。

まず、養殖の魚は流通している魚種が限られます。回転寿司などに行くとたまに「サンマ（天然）」のような表記を見ますが、養殖のサンマは流通していません。

なぜかというと、養殖が成り立つためには、条件が揃わないといけないからです。

それにはまず、技術が確立されていることが必要です。そして、種苗が確保できること、場所があること、総じてビジネスが成立することなどが条件となってきます。

サンマは、水族館のアクアマリンふくしまで飼育され、技術的に養殖することも不可能ではないのですが、価格が安くビジネス的に成立しないため養殖に至っていません。

さらには、養殖が進んでいる魚種と、そうでない魚種があります。ウナギは99%以上が養殖ですし、ブリやマダイは天然よりも養殖の流通量が多くなっています。

養殖が進みやすいのは、やはりビジネスとして成立しやすいからです。その要素としては、飼育期間が短い点も含まれます。早く出荷できれば資金も早くに回収できますし、リスクも減ります。

ウナギもマダイもブリも1年～2年で出荷に持っていくことが可能です。対してマグロは、3年～5年掛かるのが一般的です。

養殖の魚は、天然の魚よりも味が劣るという評価もありましたが、近年では技術の向上や消費者ニーズの変化により、「むしろ養殖の方が好き」という人も増えています。

私はかつて、2014年に「寒ブリを食べる会」を開いて、天然の寒ブリと養殖ブリの食べ比べを行ったことがあります。参加者20名程にブラインドで刺身を試食してもらい、美味しいと思った方に手を挙げてもらいました。すると、なんと8割もの人が養殖ブリに手を挙げる結果となりました。

このエピソードからも、近年の養殖の魚の味は、決して天然に劣らないことがお分かりいただけると思います。そして、天然の魚と養殖の魚に優劣はないのですが、次のような性質の違いがあるといえます。

まず、天然の魚は、独特の締まりがあり、味にも複雑なうま味があります。これは、エサを手に入れるために広い海の中で動き回り、様々なものを食べているからです。

また、個体差も大きいのが天然の魚です。美味しいものはとびきり美味しい、ただ美味しくないものもあります。例えるなら、個体によって30点だったり、90点だったりするのが天然魚の特徴です。

一方で、養殖の魚の場合、天然魚ほどの締りはなくて柔らかく、味も整ったものが多くなっています。これは、生け簀に飼われた状態で決められたエサを食べて育つためです。

また、個体差は少なく、同じように飼われるため、常に一定した味を提供することができます。例えるなら、どれも70点なのが養殖魚の特徴です。

世界で養殖の魚は年々増えています。そして、技術開発は次々に進められています。そうなる理由は、常に一定した味で、安定供給ができる点にあるといえます。

この安定供給ができるという点は、養殖の大きな意義といえるでしょう。

ALL ABOUT THE FISH BUSINESS

3 養殖の大事な要素 環境／種苗／飼料

魚の養殖にとって大事な要素とは何でしょうか。それは、次の3点にまとめられます。

①環境

魚はデリケートな生き物です。環境が合わないと、最悪、魚は死んでしまいます。では、環境のどんな点が大事となってくるのでしょうか。

1点目は、水温です。魚の養殖は、海面でされることも多くなっていますが、その場合、人為的に水温調整をすることはとても難しくなります。そのため、あらかじめ魚の生育に適した海を選んで養殖を行う必要が生じます。また、近年は、温暖化の影響で水温が上昇し、海面で養殖している魚が死んでしまうトラブルも生じています。

陸上での養殖の場合は、人の手で水温を調節することも可能です。特にウナギ養殖では、水温を30℃程に保つと育ちが早くなります。そのため、冬場でもボイラーを焚いて水温を保っている養鰻《ようまん》業者も多くいます。

2点目は、酸素です。水に溶けている酸素は不足すると魚の成長を妨げ、最悪死んでしまいます。これも海面での養殖の場合は、調整が難しいため、年間を通じて十分な酸素量を保てるのか、あらかじめ調べておく必要があります。特に、夏場は著しく酸素量が低下する現象「貧酸素化」が発生することもあるため注意が必要です。

陸上での養殖の場合は、酸素を送る装置を設置することが多いです。

3点目は、天候です。雨が多く降ると表層の塩分濃度が低下し、魚の元気がなくなり、最悪死んでしまいます。また、台風や大雨で土砂が流れ込むと、生け簀が破損したり、水が濁ったりします。そして、最悪の場合、魚が死んでしまいます。特に海面養殖の場合は、影響を受けやすいので注意が必要です。

②種苗

魚の養殖にとって大事な要素の2つ目は、種苗です。種苗は、養殖の場合、魚の稚魚を指します。どんな種苗を使うかにより、育ち方が変わっていきます。

種苗は大きく天然種苗と人工種苗に分かれます。天然の稚魚を漁獲して確保するのが天然種苗で、卵から稚魚を育てて確保する方法が人工種苗です。このうち、人工種苗は品種改良することができます。農産物の品種改良の話はよく耳にすると思いますが、同じことが養殖魚についてもされています。

天然種苗と人工種苗のどちらが良いのかは、現在のところ、魚種や生育環境下によってもケースバイケースです。ただ、品種改良ができる分、それが進んでいけば人工種苗の方が優位なケースも増えてくるでしょう。

③飼料

魚の養殖にとって大事な要素の3つ目は、飼料、つまりはエサです。

人間も食べるものによって健康状態や体つきが変わるように、魚もエサによって健康状態や体つきが変わります。それが結果として、成長スピードや味にも影響を及ぼすので、飼料は養殖にとって極めて重要です。

養殖ブリの脂がいつものっているのは、飼料によるところが大きいと言えます。消費者ニーズに合わせた脂質量になるように、エサの成分をコントロールして与え、求められる味に持っていくこともできます。

飼料は大きく分けて、ワムシなどの「生物試料」、イワシ、サバ、イカなどの「生餌」、魚粉や魚油など、様々なものを混ぜ合わせてつくられる「配合飼料」、それと生餌を混合した「モイストペレット」に分かれます。

これもどれが良いのかはケースバイケースですが、「配合飼料」は改良していける分、今後優位なケースが増えてくるでしょう。

以上のように、環境、種苗、飼料は養殖にとって大事な要素で、生産量や品質に大きな影響を与えます。養殖魚の品質の差は、これらによって生じてくるので、着目しておくと良いでしょう。

ALL ABOUT THE FISH BUSINESS

4

養殖の魚は安全なのか

「養殖の魚は、薬漬けにされていて危険だから食べない方が良い」といったことが、一昔前には言われていました。ただ、そのようなことはすでに過去のことになりつつあります。また、「養殖は、環境を壊すから食べない方が良い」といったことも耳にしますが、今やかなり改善が進んでいます。

ここからは、養殖の魚は安全なのかについて、食の安全と環境負荷の面から述べていきます。

まず、かつて「養殖の魚は、薬漬けにされている」と言われたのは、細菌症の治療に抗生物質が多く使われていた時代があったからです。しかし、食の安全への意識の高まりや抗生物質が効かないウイルス病が問題になってきたことで、抗生物質からワクチンへとシフトされました。つまりは、魚の病気対策は「治療する」時代から「予防する」時代に変わったのです。

また、抗生物質の多用による薬剤耐性菌の出現は世界中で危惧されており、養殖での使用はますます厳しくなる流れにあります。

病気の予防方法は様々です。まず、先に挙げた「ワクチン」は最も一般的です。稚魚一匹一匹に注射やエサに混ぜて食べさせることで接種し、免疫をつけさせます。

また、病原体は海外から持ち込まれることもあるため、防疫を強化する流れもあります。これに加えて、病気に強い品種の育成、病原体が発生しにくい環境を整えるなど薬剤を使用しない疾病対策も進んでいます。

では、「養殖は、環境を壊している」という点においては、どのようにして改善が進んでいるのでしょうか。これは、先の疾病対策において薬剤を使用しない方法が進んできたことも関係しています。薬剤を投与しなければ、海を汚しにくくなるからです。

また、エサの改良が進んできていることも大きいといえます。エサは、魚に日々与えられる中で、一部が食べられずに海底に沈んだり、大量のフンとなって海を汚したりします。

これに対して、無駄なエサをやらないようにしたり、配合飼料を研究して食べ残しを減らしたりする取組みが進められてきました。

また、1999年に持続的養殖生産確保法が制定されました。これは、養殖漁場を利用する関係者に漁場環境を良好な状態に維持管理する努力を求めるという法律です。

養殖事業者にとっては、環境が汚染されればその後の事業にも影響します。環境をモニタリングして、異常が出てくれば必要な対策を講じるという考え方が浸透したのも、環境が改善してきている要因として大きいでしょう。

以上のように、魚の養殖は、食の安全や環境面においても改善を進めてきており、一昔前とは違った状況になってきています。ぜひ、味だけでなく、こういったところにも目を向けていただけたらと思います。

ALL ABOUT THE FISH BUSINESS

5 改良される養殖魚

一昔前までは天然魚に劣るポジションだった養殖魚。今では若者を中心に「養殖の方が好き」という人もいるほどに味が良くなってきています。

いったい、養殖魚はどのようにして改良されてきたのでしょうか。

養殖魚の味が良くなったのは、その歴史の中で知見やデータが蓄積されるとともに、改良が進んできたからにほかなりません。ただ、それ以前に養殖魚ならではの性質が関係していると言えます。その性質とは、ニーズに合わせて、ある程度狙った味の魚を安定的に生産できるという点です。

例えば、顧客が求めるブリの脂ののりが脂質17％だったとしましょう。天然魚の場合は脂ののりは獲ったブリ次第となりますが、養殖魚の場合は脂質17％になるようにエサを与えるなどしてある程度コントロールすることができます。さらに、脂質17％のブリを量産して、顧客が欲しいときに安定的に出荷することができます。

この性質と改良が合わさったことで、多くの消費者が好む味の魚を生産できるようになってきました。

では、改良はどのような点でされてきたのでしょうか。養殖にとって大事な3要素を元に見ていきましょう。

①環境

1つ目は、魚が育つ環境のデータがそろってきた点です。養殖魚は水温によって成長スピードや身の締りが変わってきますが、「このくらいの温度だとこのような身質になる」というデータが長年の間で蓄積されてきています。

例えば、ウナギの場合は、30℃程での成長が早く、普通は成長が早いと身が柔らかくなる傾向にあります。しかし、これを逆手に取り、自然に近い低温で育てることでしっかりした身質のうなぎをつくることもできます。どのようなウナギをつくるかは生産者次第で、求める品質に合わせて変えられています。

②種苗

２つ目は、種苗の品種改良が進んできた点です。

農産物と同じように、養殖魚の種苗でも品種改良が進められていますが、その方法は様々です。

まず、最も代表的なものとして「選抜育種」という方法があります。これは、味が良かったり、成長が早かったり、病気になりにくかったりという優れた性質を持つ親同士をかけ合わせて、それを何世代も繰り返し、優れた遺伝子を残していくというやり方です。

例えば、マダイは天然種苗では成長が遅く出荷サイズになるまで3年を要していました。これに対して、近畿大学水産研究所が長きに渡って選抜育種を進め、出荷サイズになるまでの期間を1年半に短縮することができています。

また、近い種同士を掛け合わせる「交雑育種」という方法もあります。例えば、一部のスーパーや回転寿司でも売られるようになった「ブリヒラ」は、ブリとヒラマサの交雑種で肉質が良いことで知られています。

それから、雌雄どちらかの方が美味しいと分かっている場合、その性別の魚を狙ってつくる方法も魚種によっては開発されています。

さらには、「三倍体《さんばいたい》」の種苗も開発されています。三倍体《さんばいたい》は、種無し果実をつくる際にも使われる技術で、魚の場合は受精直後の卵に圧力をかけるなどしてつくられます。三倍体《さんばいたい》の個体は成熟せず生殖器が発達しないため、一年中、身の栄養が取られることなく育ちます。「信州サーモン」「絹姫サーモン」といったブランドサーモンには、三倍体《さんばいたい》が用いられています。

そして、ごく最近ではゲノム編集で品種改良された魚も販売され始めています。ゲノム編集は、一言で言えば突然変異を狙って起こす技術で、外から遺伝子を加える遺伝子組換えとは異なります。

ゲノム編集による魚の品種改良は、京都大学と近畿大学が共同して研究を進め、リージョナルフィッシュ株式会社から肉付きの良い「22世紀鯛」などが販売されています。

③飼料

3つ目は、飼料の改善が進んできた点です。エサが魚の味に与える影響は大きく、味が良くなったことにも大きく絡んでいます。

養殖魚のエサは、従来、「天然飼料」、つまりはイワシ、サバ、イカなどの生餌《なまえ》がほとんどでした。しかし、天然飼料は次のデメリットがありました。

まず、天然での食物連鎖を人工的に再現しているだけなので、魚を獲って運ぶ分、エネルギーロスとなります。また、生餌《なまえ》は保存性に優れず、運搬や保管、使い勝手が良くないという点があります。さらには、食べ残しが海の環境を汚すことにもつながります。

肝心な味に関しては、天然と同じものを食べることになるので、一見、天然魚に近い味になりやすくて良いと思われるかもしれません。しかし、エサの質のコントロールが効かないため、狙った味にしにくかったり、味が不安定になったりというデメリットが生じてしまいます。


このような天然飼料の課題を受け、長年開発が続けられてきたのが「人工飼料」です。人工飼料は、タンパク質、脂質、炭水化物、ビタミン、ミネラルなどをバランスよく含んだ配合飼料を作り、ペレットやモイストペレットの形に形成されます。ペレットは、コイなどの観賞魚のエサにも使われているもので、モイストペレットはそこに水分を含ませてドロっとさせたものと思ってもらえればイメージがつくかと思います。

具体的に使われる素材としては、魚粉や魚油が多くなっています。ただ、近年ではさらなる効率性や環境負荷の低減をめざして、植物性のタンパク質や脂質、昆虫、菌体、藻類などの利用についても研究が進められています。

人工飼料は、様々な配合で試作したものを魚に与えて、その成長度合いや身の質を確認することで改善が進められます。

この改善が進んだ結果、飼料の保存や使い勝手が高まりました。さらには魚の成長を早め、より効率的な養殖を実現することにつながっています。また、食べ残しが少なくなるように改良していったことで、環境負荷の低減にも至っています。味の面でも、狙った味にしやすくなったり、味の一定化につながったりという効果を生んでいます。

なお、実務的には、成長段階やコストなども考慮しつつ、天然飼料と人工飼料を組み合わせて使うことが今のところ一般的です。ただ、人工飼料の改良が進んだことは、養殖の進歩にとって大きな影響を与えたといえるでしょう。

このように改良が進んだ養殖魚。それを売り出すため、ブランド化も進んできています。

ALL ABOUT THE FISH BUSINESS

6 ブランド化される養殖魚

みかんの皮を混ぜたエサを与えて育てた愛媛県の「みかんブリ」。オリーブの葉を混ぜたエサを与えて育てた香川県の「オリーブハマチ」。これらのブランド養殖魚は、ネーミングもキャッチーで、話題になったため聞いたことがあるかもしれません。

今やブランド養殖魚は様々に登場しています。「みかんブリ」のように飼料にフルーツの成分を入れたことがコンセプトになっているものだけでも、「みかん鯛」「ゆずブリ」「かぼすブリ」「かぼすヒラメ」「すだちぶり」「平戸なつ香タイ」「戸石ゆうこうシマアジ」と相当な数があります。

ブランド養殖魚のごく一例

・ブリ

鰤王、戸島一番ブリ、伊勢ぶり、かぼすブリ、ゆずブリ、すだちぶり、チョコぶり

・マダイ

伊勢まだい、平戸なつ香タイ、近大マダイ、みかん鯛、海援鯛、鯛一郎クン

・フグ

長崎ふく、淡路島3年とらふぐ、六福、温泉とらふぐ、豊後極みふぐ、大吟雅とらふく

・サーモン

信州サーモン、絹姫サーモン、佐渡サーモン、紅富士、ヤシオマス、頂鱒

・サバ

よっぱらいサバ、お嬢サバ、ぼうぜさば、唐津Qサバ、長崎ハーブ鯖、むじょかさば

・ウナギ

一色産うなぎ、豊橋うなぎ、浜名湖うなぎ、うなぎ板東太郎、共水うなぎ、森のうなぎ

ここからは、養殖魚のブランド化がなぜここまで進んだのかについて述べていきます。

実は、大学・大学院時代の私の専門分野は、「水産物ブランド」でした。水産物ブラン

ドには、皆さんもご存じの「大間まぐろ」「関さば」などがありますが、この２つは天然魚になります。昔からの伝統的なブランド魚には天然魚が多く、市場での評価の高さから生まれたことが多くなっています。

これに対して、「みかんブリ」などの新しいブランド魚の場合、事業者側が意図的に狙ってブランド化することが多くなっています。そして、特段、養殖魚では、ブランド化を始める動きが多数見られています。

ブランド養殖魚が多数出現してきたのは、養殖魚の次の性質が起因しているからと考えられます。

①品質を一定にしやすい

１つ目は、「品質を一定にしやすい」点です。

ブランドは、一定の品質であることを顧客に知らしめるものでもあります。皆さんも「コカ・コーラといえばあの味」というイメージがあると思いますが、いつも味が違っていたら信用されなくなります。

養殖魚は、品質を一定に保ちやすいため、ブランド化に向いている性質をしています。

②規模を拡大させやすく、広報費を捻出しやすい

2つ目は、「規模を拡大させやすく、広報費を捻出しやすい」点です。

養殖魚は一定の品質の魚を量産することができます。手法を確立し、必要なものを調達できれば計画的に、横展開もしやすく事業拡大しやすい事業です。

このような事業では、その拡大に合わせて魚が売れるように広報をしていく必要もあります。また、事業を大きくする計画が立てられれば、広報費用も捻出しやすくなります。

③似たようなものが多く、差別化を図りたがる事業者が多い

3つ目は、「似たようなものが多く、差別化を図りたがる事業者が多い」点です。現場感覚で言えば、これが一番大きいかもしれません。

養殖は、似たような品質の魚が大量にできやすい事業です。ブランド化しないでいると、「どこも同じ養殖ブリでしょ？」ということになり、価格競争に巻き込まれやすくなります。そうならないための差別化戦略としてブランド化が進むのです。

ALL ABOUT THE FISH BUSINESS COLUMN

ゲノム編集による品種改良

養殖魚の品種改良を行うにあたって「ゲノム編集」が導入され、クラウドファンディングや通販で販売されるようになりました。

「ゲノム編集」は、一言で言えば、自然界でも起こり得る突然変異を意図的に狙って起こす技術になります。これによって、品種改良をする際、偶発的な突然変異が生じるのを待たなければならなかった時間を、一気に短縮することができます。

このゲノム編集は、遺伝子組換え技術とよく混同されますが、両者はまったく違います。

まず、遺伝子組換えは、他生物の有用な遺伝子を対象の生物に組み込む技術になります。つまり、元々ない遺伝子を外から入れるため、自然界ではまず起き得ません。

一方で、ゲノム編集は、その生物の遺伝子を含むゲノムを編集する技術です。ここでいう「ゲノム」は遺伝情報のすべてを指し、ゲノムの中にある身体の設計図となる部分を指します。ゲノム編集では、ゲノムの一部を削除したり、訂正したりします。このようなことは自然界でも突然変異という形で偶発的に起き得ることです。

ゲノム編集とは何かはお分かりいただけたと思います。では、魚のゲノム編集ではどのようなことがされているのでしょうか。気になるその安全性とともにご紹介しましょう。

京都大学と近畿大学の共同研究の元、先駆けて研究が進んだのは真鯛です。「筋肉の増え過ぎを抑える物質」を作り出す遺伝子に着目し、それを削除する編集を行いました。これによって、従来よりも肉付きの良い真鯛を作り出すことに成功しました。

また、安全性を担保するために、狙ったところ以外が削除されていないか、ゲノム編集のために注入した物質が残っていないか、肉の成分は従来と変化していないかについて調べられています。これには異常がなく、安全性が確認されています。

こうしてゲノム編集で品種改良された真鯛は、現在、ネット販売されています。また、現在その表示義務はありませんが、「ゲノム編集で品種改良を行った魚であること」をきちんと謳い、様々な考えの消費者が選べるようにもしています。

ただ、社会実装を進めるには、ルールの調整や消費者とのコミュニケーションといった点も大事で、これからも丁寧に進めていく必要があるといえるでしょう。

第4章

神経締めから学ぶ鮮度保持の世界

Chapter 4 :

The world of freshness preservation

ALL ABOUT THE FISH BUSINESS

1 神経締めとは

第4章では、消費者の間でもよく聞くようになった「神経締め」を主な題材として、鮮度保持の世界について解説していきます。鮮度保持の話を進めるにあたっては、冷凍の話も避けては通れないため、章の半ばからは冷凍についても述べていきます。

この章の最初は、魚の締め方の基本的な話をしながら、鮮度保持の世界の扉を開いていきます。

売り場でも「神経締め」という文字を見るようになってきた昨今。神経締めと聞くと、何だか怖そうだけどモノは新鮮そうなイメージでしょうか。神経締めは、近年漁師や魚屋の間でも注目されている魚の締め方の一種です。

魚は獲った後、何もしないでいると暴れて傷んだり、温度が上がって腐敗が進んだりします。それを防ぐために、魚に何かしら施すことを「締める」と言います。

魚を締める行為は、獲れた直後にされることもあれば、出荷された後にされることもあります。魚は、どのタイミングで、どのように締めたかによって鮮度の落ち方がまったく変わってきます。

この魚の締め方には様々なものがあります。ここからは、その代表例について、神経締めも含め、ご紹介していきましょう。

①氷締め

魚を氷水に漬けるなどして冷やして締める方法です。別名、「野締め」とも言われます。冷やすことで、魚が動けなくなります。大量の魚を一気に締める際に向いています。

②脳締め

頭を叩いたり刺したりして急所を絶つことで締める方法です。魚が動き回ってストレスを感じる前に締めることで鮮度を保ちます。氷締めでは締めきれない場合もあり、こちらの方がより確実です。その逆に、大量の魚に施すのは難しい締め方です。

③血抜き

エラや血管を切り、魚の血を抜く締め方です。魚の血は、臭みや腐敗の元となるため、抜くことで鮮度を保ちます。鮮度を効果的に保てることが多いですが、手間がかかり、大量の魚を扱う際には向いていません。

④神経締め

魚の神経を抜く締め方です。魚の神経は、頭から尻尾にかけての背骨付近にそって管状のものが走っています。その神経をワイヤーや特殊な水鉄砲、空気砲といった道具を使って除去します。

神経を抜くと体内の細胞に「死んだ」という情報が伝わらず、死後硬直さえも抑え、鮮度を保ちます。鮮度を劇的に保てることが多いですが、手間がかかり、大量の魚を扱う際には向いていません。

これらの何がベストなのかは、魚種や漁法、魚の用途によっても様々で、組み合わされる場合もあります。

また、魚は締めることによって、後々うま味成分を増やすことにもつながります。どういうことなのかを説明しましょう。

魚の体内にはＡＴＰ（アデノシン三リン酸）という物質があり、魚の死後にうま味成分であるイノシン酸に変わっていきます。このＡＴＰは筋肉を動かすエネルギーになる物質でもあるので、魚が暴れると大量に消費されてしまいます。魚を締めることでそれを防ぎ、体内にＡＴＰを多く留めることで、うま味を増やすことにつなげられるのです。

また、神経締めの場合は、ＡＴＰの減少を防ぐさらなる効果があります。神経締め以外の締め方だと、「死んだ」という情報が神経を通して全身に伝わり、魚体の死後硬直が始まります。この死後硬直の際にも筋肉が収縮するため、ＡＴＰは消費されるのです。

しかし、神経締めをして神経を取ってしまえば、それは起きません。死後硬直をさせずに、ＡＴＰを体内に多く留め、うま味を増やせるのが神経締めなのです。

ALL ABOUT THE FISH BUSINESS

2

鮮度とは何か

この章のテーマは、鮮度保持です。しかし、そもそも鮮度とは何でしょうか。

辞書を引くとおよそ「新しさの度合い」といった趣旨の意味が出てきます。これは魚の場合は一見、分かりやすく感じられます。魚が獲れた直後を一番新しいとし、獲れてから時間が経っていないものを新鮮と表現すれば良いと思えるからです。

しかし、魚は漁獲後にどのように扱われたかによって、その後の品質が変わります。雑に扱われた魚と丁寧に扱われた魚があったとしましょう。両者は、獲れてからの日数が同じであっても品質には差が生まれてきます。

このように考えていると、「鮮度とは何なのか」「もっと客観的な指標はないのか」という気がしてこないでしょうか。実は、鮮度の指標は、１９５０年代には、すでに提唱されています。それは、斎藤恒行氏らによって1959年に発表された論文の中に書かれている「K値」というものです。

魚の鮮度を測ろうとした際、そのアプローチ方法は物理学的、細菌学的など様々に考えられます。例えば、細菌類などの微生物に着目し、その数を見る方法も考えられたはずです。しかし、斎藤氏らはまったく違うアプローチを試みます。

それは、魚の筋肉中にあるATP（アデノシン三リン酸）に着目する方法です。

ATPは、魚の死後、時間が経つにつれて、うま味成分のイノシン酸へと変わっていきます。そして、イノシン酸の後は、イノシン、ヒポキサンチンという物質に変わり、うま味が失われ、苦味が増えてきます。つまり、時間が経つと進むATPの変化は、イノシン酸までは味にとって有用ですが、それ以降は味にとって不都合なものとなります。

斎藤氏らはこの変化に着目し、「ATPから変化するヒポキサンチンまでの物質の総量のうち、味にとって不都合なイノシンとヒポキサンチンの割合」をK値として定めました。

【ATPの変化】

ATP→ADP（アデノシンニリン酸）→アデニル酸→イノシン酸→イノシン→ヒポキ

サンチン

【K値を出す式】

K（%）＝（イノシン＋ヒポキサンチン）／（ATP＋ADP＋アデニル酸＋イノシン酸＋イノシン＋ヒポキサンチン）×100

K値は、小さいほど鮮度が良く、大きいほど鮮度が悪いことになります。

このK値は、農水省に着目され、令和4年、JAS（日本農林規格）に測定法が定められました。その理由は、日本の魚を輸出する際に、鮮度の良さをアピールする指標とできるからです。また、測定法は液体クロマトグラフによるもので特別な機器も必要なく、様々な魚で適用できることが採用の決め手となりました。

K値は、魚の鮮度を測るのはもちろん、魚種ごとに違う鮮度劣化の早さの違いも示してくれています。ある実験で、タラとタイを氷につけて保管したところ、タラの場合は3日でK値が60%を超え、タイの場合は4日後も5%前後を保っていたそうです。タラは悪くなりやすく、タイは悪くなりにくいということは経験的に知られていますが、それを客観的な数値で示してくれたのです。

このように魚の鮮度は、感覚的な話ではなく、科学的に研究されています。

ここまでは、基本的に生の魚を扱った話でしたが、続いては魚にとって重要な冷凍の話をしていきましょう。

ALL ABOUT THE FISH BUSINESS

3 — 生と冷凍はどちらが良いのか

生魚と冷凍魚、皆さんはどちらの鮮度が良いと思いますか。生魚と思っている人が多いかもしれませんが、これはケースバイケースです。

ここからは、冷蔵と冷凍の違いが鮮度に及ぼす影響について述べていきましょう。

私が東京海洋大学の学生だった頃に受けた授業で非常に記憶に残っているのが、当時同学の教授だった鈴木徹先生の「冷凍学」です。

この授業の中で、鈴木先生は、「冷凍とは、時を止める技術である」という趣旨の話をされ、これが痛烈に私の脳裏に焼き付きました。さらには、超低温で急速冷凍することで「アモルファス」という状態で固体になり、結晶化せず本当に時が止まったような状態で保存できることを学びました。

鈴木先生の言葉には、冷凍という技術の本質が詰まっているように思えたため、非常に記憶に残ったのだと思います。

さて、話を戻しますが、生魚と冷凍魚の鮮度の優劣がその時々でケースバイケースなのは、なぜでしょうか。

それには、冷凍魚がどの時点で「時を止められたか」によって変わってくる、ということがまず言えます。

獲れた直後に船の上で凍結される場合もあれば、水揚げ後にしばらくしてから凍結される場合もあります。また、凍結した後に解けてしまい、再度凍結することもあるでしょう。冷凍魚とは、一口に言っても様々なのです。

また、「どのような条件で凍結保管されたか」によっても変わってきます。例えば、マイナス20℃程の家庭用の冷凍庫と、マイナス50℃程の業務用冷凍庫ではまったく状況が違います。

冷凍の魚や肉が解けると出てくる「ドリップ」を皆さんも見たことがあるでしょう。ドリップは、結晶化によって細胞が壊れることに加えて、筋肉タンパク質が変性して保水性を失って出てきた細胞液です。ドリップの出た魚や肉は、筋肉タンパク質が変性しているため味や食感が悪くなります。

一方で、低温で保管するほどタンパク質が変化しません。先程の「アモルファス」はその究極で、結晶化をしないで固体になる現象のことを言います。低温で凍結保管した場合は、結晶化によって細胞が壊れることも少なく、タンパク質変性も進まず「時が止まる」ため、ドリップも出なければ味や食感も損なわれないのです。

では、生魚、つまり冷蔵の場合はどうでしょうか。冷蔵は、冷凍とは違って時が止まりません。温度や条件によってその速さは変わりますが、時間が経つにつれて状態が変わっていきます。ただし、結晶化によって細胞が壊されることはありません。

ここからは具体的にマグロで比較をしてみましょう。①獲れてから冷蔵されたマグロ、②獲れた直後に急速凍結されたマグロ、③獲れた3日後に家庭用冷凍庫で凍結されたマグロがあったとします。

まず、②と③を比較した場合は、明らかに②の鮮度が良いといえます。

しかし、①との比較はどうでしょうか。これは、マグロをどの時点で食べるのかによって変わってきます。冷蔵のマグロは腐敗が進むため、早いうちに食べれば①の鮮度が良いといえるでしょう。しかし、何日も経ってしまえば①のマグロの鮮度は、③以下になってしまいます。

また、一見②のマグロが最も鮮度が良く、味も良さそうに見えますが、①のマグロは結晶化をまったくしていません。①のマグロを早く食べるなら、②のマグロ以上に食感も良くて味の良いマグロを楽しめることでしょう。

生魚と冷凍魚はどちらが良いのか、その答えは時と場合によることがお分かりいただけたことでしょう。

そして、冷凍魚を選ぶ際には、「いつの時点で凍結されているか」「高度な凍結と保管をされているか」についても見ると良いでしょう。いつの時点かについては、例えば「船上凍結」の文字があれば早い段階で凍結されており、鮮度が良い証と言えます。

ALL ABOUT THE FISH BUSINESS

4 CAS、3D凍結とは何か

魚の鮮度を保持する冷凍。ただ、冷凍の方法も様々です。どのような種類があるのでしょうか。

特に最近では、結晶化を極力防いで細胞をほとんど壊さない高度な凍結方法も出てきました。これらは、商品にセールスポイントとして謳われるなど、巷でも目にするようになってきました。ここからは、その代表的なものをご紹介していきましょう。

まず、冷凍庫は考え方によって2種類に分けられます。低い温度で凍結させ、冷凍まで持っていくのが凍結庫。それを保管しておくのが保管庫です。

このうち、凍結庫は、細胞を壊す原因にもなる水分子の結晶化がどのくらい起きるかに関係するので、より気を遣う部分となります。

結晶化を防ぐためには、食品内部に大きな氷の結晶ができる温度帯「マイナス１℃～マイナス５℃付近」を素早く通過するように急速凍結する必要があります。

急速凍結は、その方法によって大別されます。

①空気式凍結（エアーブラスト方式）

冷風を食品に当てて凍らせる方法です。比較的どんな形のものでも凍結でき、汎用性が高く、最もメジャーともいえる凍結方法です。ちなみに、多くの家庭用冷凍庫もこの方式です。

②液体式凍結（ブライン方式）

低温の液体に漬けて凍結する方法です。低温の液体をブラインといいます。ブラインには、食塩水やアルコールなどが使用されます。液体の熱伝導は気体よりも良く、容易に急速凍結できます。遠洋マグロ漁船の急速凍結で古くから使われている方法でもあり、比較的メジャーな方法です。

③接触式凍結（コンタクト方式）

低温の冷凍板に接触させて凍結する方法です。効率を上げるために挟んで圧力をかける設備もみられます。

④液化ガス方式

超低温の液化ガスを利用して、食品を一気に凍結する方法です。具体的には、マイナス196℃程の液体窒素やマイナス79℃程の液化炭酸ガスを直接吹き付けます。

これらの方法は、扱う食品やシーンによって向き不向きがあり、どれが良いかはケースバイケースで、組み合わされる場合もあります。

また、近年では、より高度な急速凍結方法が登場してきています。そのメジャーなものをご紹介しましょう。

①CAS凍結

CASとは、「Cells Alive System」の略。凍結しても細胞が破壊されず、解凍後に生き生きと蘇ることから名づけられました。

ＣＡＳ凍結は、磁場や振動を当てながら急速凍結することで結晶化を防ぎます。近年では、ＣＡＳ凍結庫の価格も下がってきており、様々な水産品で見られるようになってきています。

②３Ｄ凍結

３Ｄ凍結とは、冷風が様々な方向から当たるようにして急速凍結する方法です。従来は、冷風を一方向から当てる方式でした。これだと、温度低下にムラができたり、部分的に急速凍結できなかったりしてしまいます。その課題をクリアするため、冷風の当て方や凍結庫内部の気流を調整して、あらゆる方向から冷気が当たるようにします。

以上、ここまで様々な凍結方法について述べてきましたが、実は凍結と同じくらい大事なのが解凍方法になります。基本的には、低温下、かつ早い熱伝導で解凍してやることで、細胞の破壊が防げます。

現状、ベストな方法のに１つに、真空パックした上で氷水に浸ける氷水解凍があります。しかし、解凍方法の良し悪しもモノや状況によってケースバイケースです。

魚の腐敗を止める冷凍技術。今後、ますます進化していくのでご注目ください。

ALL ABOUT THE FISH BUSINESS

5

日本の魚の鮮度は世界一

かつて日本には、世界随一の魚の生産量と消費量を誇り、水産大国と言われていた時代がありました。その後は、生産量も消費量も国内では減り、海外では伸びました。そんな中、「世界にはどんなシーフードがあるのだろう」と旅してみると、改めて日本の魚の「ある良さ」に気がつきます。それは、「鮮度が良いこと」です。

特に冷蔵で流通する生魚の鮮度はピカイチです。これを客観的なデータで示すことは難しいのですが、私は「世界一なのではないか」と思っています。

「海外では魚を生では食べない」という話を耳にしたことがあるかもしれません。実際には、まったく食べないこともないのですが、確かに日本ほど多くないのは事実です。実際、日本に来る外国人には、「魚を生で食べたことがない」と驚きながら寿司を食べる方もいらっしゃいます。

そして、私たち日本人には、どこかしら「魚は生が一番素晴らしい」という価値観、いわゆる「生食信仰」があるように思います。これは、刺身や寿司の値段の高さや、それらに合う魚が高く売れることからも見て取れます。

では、私たち日本人が持つ「生食信仰」は、いったいどこからくるのでしょうか。これについて、私は、東京海洋大学の「魚食文化論」という授業の一端を受け持つ中で、自分なりに考察したことがあります。

結論から言えば、日本で生食信仰が進んだのは、「生の美味しい魚が手に入りやすい環境で、生の魚を美味しく食べる技術が生まれ、かつ生の魚が一番稀少である」からではないでしょうか。ここから詳しく述べていきましょう。

まず、「生の美味しい魚が手に入りやすい環境」という点では、日本が海に囲まれており、太古から生魚の入手が容易だったことが大きいと言えます。さらには、日本近海は世界三大漁場とも言われる三陸沖や数々の大陸として好漁場に恵まれており、魚が大量に手に入る環境にあります。

しかし、生魚が容易に手に入ったとしても、そのままでは美味しくありません。また、運ぶ間に悪くなってしまえば美味しくいただけません。そこで、次に要因として挙がってくるのが「生の魚を美味しく食べる技術が生まれた」という点です。

日本での魚の生食といえば、刺身か寿司。この点を踏まえれば、醤油と握り寿司の誕生はかなりのインパクトがあったといえるでしょう。

まず、大豆を原料とする今の醤油に似たものが誕生したのは、室町時代の頃です。醤油は、生魚の臭みを効果的に抑え、味を引き立てる作用が非常に強い調味料です。第一に、この醤油が開発されたことで、魚の生食が進んだものと推測されます。

また、江戸時代になると、江戸の町人文化から握り寿司が誕生します。握り寿司は、酢やワサビによって生臭みや腐敗を抑えるなど、生魚を美味しくいただくためのテクノロジーが詰まっています。醤油と合わせて、この握り寿司の存在は大きいといえます。

さらに、時代が進み、冷蔵技術が出てくると、様々な方法を組み合わせて生魚を高鮮度で流通できるようになりました。また、日本人は衛生意識が高く、食品の衛生状態を保つ技術や手法、習慣も定着しました。

ただ、これらは求められるから開発され、定着するものです。では、なぜ日本人は生食を求めるのでしょうか。

これは「生の魚が一番稀少である」からだと推測されます。乾燥、塩蔵、冷凍、魚はこれらの加工を施せば、流通させやすく手に入りやすくなります。しかし、完全に生の魚は、ものすごい速度で腐敗し、いつでも手に入るものではありません。つまり、一番稀少なのは生の状態です。この稀少性が生魚の価値を高めたと思われます。

日本人の「生食信仰」は、「お客さんがなかなか冷凍の魚を許してくれない」といった不便な点を生むこともあります。しかし、「生食信仰」が、本当に素晴らしい品質のお刺身や寿司を作り出してきたことも事実です。

また、「生食信仰」は世界の文化とも混じり合い、素晴らしいグローバルな食べ物を生み出しています。様々な寿司もそうですし、元々肉でつくられていたカルパッチョに魚を使ったものが登場して定着したこともそうです。

日本人の生食信仰が生んだ世界一の鮮度を活かしていくことは、魚ビジネスにとっても重要といえるでしょう。

ALL ABOUT THE FISH BUSINESS

6 鮮度はすべてではない

ここまで鮮度にまつわる様々な話をしてきました。鮮度は魚にとって味を決める重要な要素です。

しかし、鮮度はすべてではありません。散々、鮮度についての話をしてきましたが、この章の最後は、「鮮度はすべてでない」という話をしていきます。

漁師をしていた私の父が、繰り返ししていた話があります。それは、主にブリついての話なのですが、次のような内容でした。

「魚は鮮度が良い方が美味しいと言われるが、ブリは置いた方が美味しくなる。ただ、置く前のコリコリしたブリが好きだと言う人もいる。結局、何がいいかは人によるんだわ」

この話は、鮮度がすべてではないという分かりやすい例です。

ブリは、確かに獲れた直後よりも何日か置いた方が、うま味が増えて脂も感じやすくなり、食感も柔らかくなります。ただ、置くことで、さっぱりとした味ではなくなり、コリコリとした食感は失われ、臭みも出てきます。

この置いたブリを美味しいと言うかどうか。これは結局、その人の好みによります。

例えば、多くの人の経験上分かっている地域的な嗜好の差で、東日本はうま味や脂を好み、西日本は歯ごたえと甘みを好むという傾向があります。この傾向に当てはめるなら、置いたブリは、東日本では好まれるが、西日本では好まれないとなります。

また、ブリの鮮度に着目するなら、東日本は鮮度が良すぎない方が人気で、西日本は鮮度がとにかく良い方が人気と言うことができるでしょう。

このように、「鮮度が良い」ことは、好まれる場合もあれば、好まれない場合もあり、すべてではないのです。

鮮度が落ちてくると、進んでくるのは「熟成」です。近年では、特に関東圏を中心に「熟成魚」が注目されていますが、鮮度バリバリの魚とは対象的です。

鮮度なのか、熟成なのか、はたまた間のちょうど良いところなのか。それは、食べる人の好みであったり、提供側の狙いであったりで何が良いのかは変わってきます。

また、どのくらいの鮮度が多くの人に好まれるのかは、魚介類の種類によっても変わってきます。貝類やウニ、カニなどは新鮮なほど好まれる傾向にありますし、深いところにいるタラ類なども新鮮な方が好まれやすいでしょう。

一方で、先程のブリやマグロは置いておくことでうま味が増え脂も感じやすくなります。マダイやヒラメといった浅瀬の白身魚も置くことでうま味が増して、多くの人に好まれやすい味になるといえるでしょう。これらは特に寿司とはよく馴染んで好まれる傾向にあります。

このように鮮度は、魚の味を決めるにあたって重要な要素であることには変わりませんが、すべてではありません。

求めるもの、目指すものにたどり着くための指標の1つに過ぎない、ということを念頭に置いておくべきでしょう。

ALL ABOUT THE FISH BUSINESS COLUMN

自宅でできる鮮度保持

鮮度保持は、魚を買ってきた後、自宅でも行えます。その基本的な考え方について、魚の状態ごとにポイントをご説明しましょう。

生の丸魚（頭の先から尾の先まで、丸ごとの魚）

生の丸魚を保存する場合は、まず内臓や血を除去することが大事になります。内臓には、自らの身をも溶かしてしまう消化酵素が含まれ、それが溶け出すと身の傷みが早く進むこととなります。また、血は臭みの原因になります。

内臓に加えて、血合いやエラを除去することが鮮度保持の基本となります。その後は、水分量を適度に保てるようにペーパータオルとラップで包むと良いでしょう。

生の切り身

切り身は細かくなればなるほど、鮮度劣化が早くなるため、可能な限り細かくせずにしておきます。その前提の元、水分があると繁殖する微生物をどう抑え込むかが大事になります。方法は大きく「水分を適度に保つ」「調味料につける」の2つに分かれます。

味付けをしたくない場合は、「水分を適度に保つ」が選択肢となります。この場合は、まずペーパータオルに水分を吸収させます。そして、ラップに包みますが、水分量が多い場合はペーパータオルを何度か換えてからにすると良いでしょう。

ゆくゆく味付けをすることが決まっている場合は「調味料につける」ことも選択肢となります。酢や酒に浸けるのも殺菌につながります。

冷凍品

冷凍品は、基本的に時が止まると考えて良いので、衛生的には長く保存ができます。ただし、何も考えずにいると中の水分が昇華して抜けてしまい、味が損なわれます。

そうならないように重要となるのは、密閉して水分が抜けていかないようにすることです。元々真空パックに入っているものは、そのまま冷凍。入っていないものは、チャック付きポリ袋に入れて空気を極力抜いてから冷凍をすると持ちが良くなります。

第5章

サバ缶から学ぶ水産加工の世界

Chapter 5 :

The world of seafood processing

ALL ABOUT THE FISH BUSINESS

1 サバ缶ブームはなぜ起きたか

第5章では、近年人気が高まった「サバ缶」を主な題材として、水産加工の世界について解説していきます。すっかり水産加工品の代表格ともいえる地位を築き上げたサバ缶。しかし、2000年代まではそれほど人気が高かったわけではありません。

まずは、サバ缶ブームがなぜ起きたかを探ってみたいと思います。

サバ缶ブームは、これまでに3度あったといわれています。それらは、一過性で起きた「点」の出来事というよりも、時代の変化と相まって、それぞれがつながって起こった「線」の出来事となっていることが特徴的です。

まず、第一次サバ缶ブームといわれる現象が起きたのは、2013年。テレビ番組で「サバ缶がダイエットに良い」と紹介されたことがきっかけです。人気が一気に高まり、一時期は売り場からサバ缶が消えるくらいにバカ売れする事態に至りました。

この第一次サバ缶ブームをマーケティング的に分析するなら、女性という新たな顧客層の心を掴んだことがポイントとなっています。

以前はどちらかというとお酒のおつまみとして、年配男性の食べ物だったサバ缶。それが報道により、「中性脂肪を減らす不飽和脂肪酸ＥＰＡ（エイコサペンタエン酸）を多く含むダイエット食」というイメージに変わりました。

そして、岩手缶詰の「サヴァ缶」に代表されるお洒落なサバ缶が誕生して定着し始めたのもこの頃。「サヴァ缶」が震災復興の中で開発されたように、様々な新しいサバ缶が地域おこしの活動とも連動して次々に発売されていったのです。

さらには、もっぱら和風だったサバ缶レシピにも変化が起こります。例えば、パスタの具材など洋風の食べ方も普及し、使われる場にも幅ができました。この結果、サバ缶ブームは一過性のものに終わらず、顧客の心を掴み続けることにつながっていったのです。

そして、第二次サバ缶ブームといわれるのが、２０１６年～２０１８年の頃。

２０１６年には、サバ缶の生産量は３万７１１７トンと過去最高になり、ついにツナ缶を超えて魚缶ナンバーワンの地位を築き上げます。

そしてサバ缶人気が続く中、2018年には、ぐるなび総研が選ぶ「今年の一皿」に「鯖（さば）」が選ばれます。その選定理由には、サバ缶の利便性の高さや健康効果が謳われており、サバ缶ブームの象徴としても捉えられる出来事となりました。

さらに、サバ缶人気が続く中で訪れたのがコロナ禍です。これにより、第三次サバ缶ブームが2020年頃から起きることとなります。

コロナ禍の飲食店自粛による消費減により、様々な水産物が打撃を受ける中、サバ缶にとってはこれが追い風になりました。自宅での引きこもり需要が増えると、サバ缶人気はさらに上昇していきます。比較的安価で、調理も簡単なサバ缶。美味しくて健康な食事を様々なバリエーションで楽しめる素材として、その地位を固めていくこととなったのです。

このようにして人気を高めてきたサバ缶。その理由からは、消費者側から見た水産加工の意味合いも見て取ることができます。

つまり、魚は加工をすることで、美味しく、栄養価が高く、手軽に食べられる最高の食材になるのです。

ALL ABOUT THE FISH BUSINESS

2 サバ缶をつくる意味

当たり前の話ですが、サバは缶詰にせずとも食べることができます。では、サバを缶詰にするのはなぜでしょうか。ここからは、サバ缶づくりについて考える中で、魚を加工する意味を探っていきましょう。

①保存できるようにする

缶詰は、非常食にもされるように保存期間が長いことが特徴です。サバは、足の早い魚として知られますが、生を冷蔵で保管をした場合、せいぜい持つのは3日程。しかし、缶詰にすれば、少なくとも3年は保存が効きます。

サバ缶がなぜ長持ちするのかというと、缶の中で完全に密封して加熱殺菌するためです。菌がいない状態で外からも入り込むことがないため、長期間保存することができます。

②流通しやすくする

生サバは、冷蔵しないと流通が難しいですが、缶詰にすれば常温でも流通させることができます。また、缶詰の形なら効率よく箱に詰め込むこともできます。

そして、生サバの場合は骨など捨てる部分も多くなりますが、缶詰にすれば中身のすべてが可食部になるため、流通が効率的になります。

③使いやすくする

生サバの場合、買ってから捌いたり、調理したりと、食べるまでに様々な工程を必要とし、手間が掛かります。これがサバ缶の場合だと、開封しさえすれば食べることが可能です。

さらには、調理をするにしても入れるだけのことがほとんどでしょう。例えば、私がよくつくる「サバ缶トマトパスタ」は、サバ缶をフライパンに開けてほぐし、トマト缶とケチャップを混ぜて加熱するだけでソースが出来上がり非常に簡単です。

生サバを缶詰に加工することで、簡単に調理できるようになり、利便性が高まります。

④味を良くする

味付けされていない生サバを何もつけずそのまま食べても、あまり美味しいと感じる人はいないでしょう。対して、サバ缶はあらかじめ味付けがされています。また、サバ缶は製造工程の中で加熱されますが、加熱されることによる味の変化もあります。

もちろん味付けには良し悪しや個人の好みもありますが、生サバをそのまま食べるよりも食べやすい味になっていることがほとんどでしょう。

⑤機能性を上げる

サバ缶は製造工程の中で加熱されますが、それによりタンパク質が消化されやすくなります。脂質についても、体に良いとされる不飽和脂肪酸のＥＰＡは、酸化しやすい性質があり、缶詰で密閉して酸素と結合しないようにすると、減らなくなります。

ここまでサバを缶詰にする意味を述べてきましたが、ほかの加工品の場合でも同じようなことが言えます。

ここからは少しだけ缶詰以外の加工品について、缶詰にない加工する意味をご紹介しましょう。

まず、干物は生魚と比べると、うま味が凝縮したり、発酵してうま味が増したりする意味合いもあります。蒲鉾を代表とする練り製品は、独特の食感を生み出したり、使いやすくて美しい形状にしたりする意味合いもあります。また、「ふぐの卵巣の糠漬け」のように解毒をする意味合いで加工をすることもあるでしょう。

このように魚は加工をすることで性質が変わるとともに、良いことがたくさん生じるのです。

ALL ABOUT THE FISH BUSINESS

3

サバ缶の良し悪しは原料で決まる

近年、サバ缶はバリエーションが本当に豊かになりました。その中には、1個3000円以上もする高級サバ缶も存在しています。いったい何が違うのでしょうか。

ここからは、サバ缶のつくり方をご紹介する中で、加工品の品質になぜ差ができるのかについて述べていきます。

今回は、サバ缶の中でも最もシンプルな「水煮缶」を元に、そのつくり方をご紹介しましょう。サバ缶の製造方法は至ってシンプルです。

まず、丸のサバを仕入れ、食べやすい大きさにぶつ切りにします。それを缶に詰め込み、塩水を入れます。その後、蓋をして空気を抜き、しっかりと密封します。

続いて、缶を加熱して中の菌を殺菌すると同時にサバを煮魚にします。このときの温度と時間は１２０℃程で1時間程度かかります。

最後に缶を冷まして箱詰めし、出荷という流れで本当にシンプルです。これで保存できてしまうので、余計なものが入っていないのもサバ缶が人気の理由といえます。


さて、これだけシンプルな製造工程ですが、いったいどのようなポイントが差を生むのでしょうか。製造工程は、サバと塩水を入れて加熱するだけです。ということは、差を生む要因の大方はサバそのものの「原料」にあるということになります。

これは、ほかの加工品の場合でも大体同じです。私がかつて築地の加工品を扱う卸会社に勤めていたときには、「加工品の良し悪しは大方、原料で決まる」と教えられました。


では、原料の何が違うのか。1缶１００円台のサバ缶と1缶３０００円台のサバ缶とで比較をしてみましょう。

1缶１００円台のサバ缶は、どちらかといえば価格重視で原料が定まります。

元々サバ缶は、生産者側からすれば、鮮魚ではまともな値段がつかないサバに付加価値を付ける意味合いでも製造されていました。サバの価格は、その時々で変動しますが、鮮魚では二束三文の価格のときに加工に回されます。

そのためサバの品質はまばらです。このようなサバ缶の栄養成分表示を見てみると、「脂質○○g〜△△g」といったように幅を持たせて書かれている場合もあります。

一方で、1缶3000円代のサバ缶はどうでしょうか。実際に3缶で1万円する千葉産直サービスの「とろさばプレミアム缶」を例に見てみましょう。

このようなサバ缶の場合は、一定の基準を設けて原料が仕入れられます。「とろさばプレミアム缶」は、サバ漁獲量日本一を誇る「銚子港」水揚げの秋サバに限定。さらに、1キロ超の極上サバのみを使用し、脂のり、鮮度の良いものだけに厳選されています。本来、それなりな寿司屋で出てきてもおかしくないサバを原料にしているのです。

このように、従来の安いサバ缶は安いサバに少しでも価値をつけるということを第一に、高いサバ缶は良質なサバ缶をつくることを第一に作られているため、価格や品質の差が生まれるのです。

ちなみにですが、今回紹介したような安いサバ缶は品質が一定でないがゆえに、いつもよりも美味しい場合もあります。その目安は賞味期限を見ることである程度判別がつくということもお教えしましょう。特に、前述のような脂質に幅を持たせているサバ缶の場合には適用しやすい方法です。

それは、製造月が秋〜冬で、なるべく昔のものを選ぶこと。その理由は次の通りです。水産品の缶詰の賞味期限は一般的に3年と定められています。ということは、賞味期限の月日＝製造月日ということになります。

サバの多くは秋冬に脂がのるので、秋冬に製造されたものの方が、脂がのっている可能性が高くなるというわけです。また、サバ缶は月日が経過するにつれて脂が馴染み、味が良くなるとされています。

何につけても「加工品の良し悪しは大方、原料で決まる」。そして、原料は魚の価値を上げるため価格重視で選ばれる場合と、良質なものをつくるため品質重視で選ばれる場合があることは、覚えておきましょう。

ALL ABOUT THE FISH BUSINESS

4 世界の魚の缶詰

ここまで日本のサバ缶を中心に取り上げてきましたが、世界を見渡してみても缶詰は魚のポピュラーな加工品に位置づけられています。ここからは、世界の魚の缶詰について述べていきます。

そもそもこの世に缶詰が登場したのは、１８００年代のことです。「容器の中に食物を入れて密封し、加熱殺菌して保存する」という缶詰の原理は、１８０４年に誕生しました。これを発明したのは、フランス人のニコラ・アペールという人です。

では、なぜフランスだったのかというと、これにはかの有名なナポレオンが関係しています。質の良い兵食を大量に確保することが、兵士たちの士気に影響を与える、と考えていたナポレオンは、保存性の優れた美味しい保存食のアイディアを募り懸賞をつけました。

そこで採用されたのがニコラ・アペールのアイディアだったのです。この頃からウナギなどの魚も原料として採用されていました。

しかし、当初容器は瓶であることが多く、割れてしまうことが多々でした。これに対して、1810年にイギリスのピーター・デュランドが、金属製容器に食品を入れる方法を発明します。これが、缶詰の原型となります。

ちなみに、日本の缶詰は1871年に長崎で松田雅典が、いわしの油漬缶詰(オイルサーディン)をつくったのが始まりと言われています。

サバ缶の起源は定かではありませんが、遅くとも昭和30年代には、大洋漁業(現マルハニチロ)がサバを水煮缶に加工し、ヨーロッパ、東南アジアに輸出していたという記録があります。

このようにヨーロッパに由来がある缶詰ですが、現在の状況はどうなのでしょうか。最初にヨーロッパのサバ缶について見ていこうと思います。

ヨーロッパでサバの一大産地はノルウェーです。ノルウェーでは、平たい四角い形のサバ缶がポピュラーで、特にメジャーなのはStabbur-Makrell(スタッブル・マクレッル)というブランドのトマト味のものです。このほか、サルサソースのサバ缶やスモークサーモンの缶詰などが同じような規格で売られています。

缶詰の元祖でもあるフランスやイギリスをはじめとした西欧諸国でも状況は似ており、味付けはトマト味やスモーク、オリーブオイル漬けなどが多くなっています。また、アメリカは魚食自体が盛んでなく量は少ないですが、状況は西欧のそれと似ています。当然ですが、この点は水煮や醤油、味噌ベースのうま煮が多い日本とは異なっています。

それとヨーロッパで有名な缶詰の仲間といえば、スウェーデンの「シュールストレミング」でしょう。「世界一臭い食べ物」といえばご存じの方も多いと思います。

シュールストレミングは、基本的にニシンの塩漬けなのですが、サバ缶などとは違い加熱殺菌をしません。そのため、正確には缶詰ではないとされることが一般的です。塩によって腐敗は防げるのですが、中の菌による発酵は進み、それが独特のうま味とニオイを作り出します。7月に製造され、8月後半に食べ頃となるため、スウェーデンでは夏の風物詩ともなっています。

アジアでは、ヨーロッパに似た状況で、サバやツナなどの水煮やオイル漬け、トマト煮などが多くなっています。加えて、唐辛子入りなど辛い味付けのものも多く見られるのが特徴的です。中国では、コイやウグイなど淡水魚の缶詰も多く見られます。

アフリカは、日本からサバが多く輸出されている地域でもあります。そんなアフリカでは、西アフリカを中心として日本の川商フーズが扱っている「ＧＥＩＳＨＡ（ゲイシャ）」というサバ缶が多く流通しています。こちらはサバのトマト煮の缶詰で、ナイジェリアやガーナでは相当なブランド力を誇っています。

世界を見渡してみれば、魚の缶詰も様々です。私自身、学生時代から世界各地の缶詰を50種類近く集めては食べてきました。

どの缶詰も一度食べてみると面白みがあります。中でも、サバのトマト煮のようなトマト味の缶詰は日本には少なく、かつ食べやすいためおすすめです。

それと、ヨーロッパのスモーク技術は高く、日本のものとはスモーキーフレイバーやうま味の引き出し方がまったく違います。スモークサーモンの缶詰のようなものは、ぜひ一度食べてみられることをおすすめします。

ALL ABOUT THE FISH BUSINESS

5　第2のサバ缶になる加工品は？

　ここまでサバ缶を中心に水産加工品の話をしてきました。ただ、サバ缶は加工品の中の一部でしかありません。ここからは、そのほかの代表的な水産加工品についても、どのような世界が広がっているのか触れていきたいと思います。

　現代において、魚を加工する目的は様々ですが、昔は主に腐敗を防ぐ目的が強かったといえます。腐敗は、食品が細菌類などの微生物に侵されて有害な物質になることです。魚の加工方法は、この腐敗を防ぐ方法によって大きく分かれます。

　まず、微生物は水分があると繁殖するため、それをどう抑え込むかということが１つのカギになります。このときに用いられる方法の１つは、塩など殺菌効果のあるもので「①漬魚」にすることです。塩を加えると浸透圧によって水分が抜けるため、殺菌につながるのです。

塩のほか、酢やアルコールにも殺菌作用があります。また、油漬けは外部からの微生物の侵入を防いでくれます。特に加熱殺菌と合わせることで保存性が高まる方法です。

塩漬けしたものに煙を当ててその成分で殺菌・防腐を施すのが「②燻製」です。

また、干して乾燥させる「③干物」も水分を抜くことができます。干物は、塩を加えることと組み合わせて水分を適度に残す場合もあります。

塩分も使いつつ、様々な合せ技で微生物の活動を抑えるのが「④練り物」です。

練り物は、魚をすり身にし、塩を加えて水分を抜き、さらに加熱して殺菌されます。蒲鉾板は、蒲鉾の中の水分を調整して微生物の繁殖を防ぎます。

また、ここまでとは違う考え方で、有用な微生物を増やす方法が「⑤発酵」です。

微生物は必ずしも有害なものだけではなく、もっぱらうま味成分を増やすなど、人間にとって都合の良い働きをしてくれるものもあり、これを加工に利用するのです。

なお、腐敗と発酵はどちらも微生物によるものですが、その違いは人間の都合によります。有害なら腐敗、有用なら発酵ということになります。

では、缶詰はどうかというと、密閉して加熱をし、微生物を殺した後、外部から何も入らないようにすることで腐敗を防ぎます。なお、サバの水煮の場合は塩も入っていますが、無塩でも缶詰はつくれるため、塩はもっぱら味のために加えられていると言えます。

では、ここからはそれぞれの方法について、もう少し具体的に見ていきましょう。

①漬魚

漬魚として代表的な方法は、シンプルな塩蔵（塩漬け）です。塩蔵の歴史は古く、紀元前からあったと言われています。また、冷蔵・冷凍技術が出てくる以前は最も手軽な方法でもあったため加工品も様々です。

代表的なところだと鮭の塩漬けである「新巻鮭」が挙げられます。新巻とは、本来、塩漬けの魚を藁などで包んだものを指します。これと少し違うのが、北海道の名産品「鮭の山漬け」。文字通り塩漬けした鮭を山のように積んで、それを入れ替えながら重さによっても水分を出します。

また、干物の扱いにもなりますが、新潟県村上市の特産品で有名な「塩引き鮭」は、塩漬けした鮭を寒風に当てて干します。山漬けや塩引き鮭は、意識的に発酵もさせており、うま味が増しています。一見同じように見える「新巻鮭」「鮭の山漬け」「塩引き鮭」ですが、すべて違うものになります。

塩加減は甘口－中辛－辛口－大辛の順に塩辛くなります。最近では、冷凍・冷蔵技術の発達と、健康志向による減塩ニーズの影響で甘口が好まれる傾向にあります。

塩漬け以外だと、醤油づけやみりん漬け（醤油とみりんの合わせ調味料）、西京漬けなどがあります。この中で西京漬けもポピュラーですが、西京味噌には米麹が多く入っています。

米麹はたんぱく質を分解する働きがあり、魚のたんぱく質を分解して、柔らかくしたり、うま味を増やしたりする効果もあります。そして、酒粕漬けは、塩とアルコールによる殺菌の合せ技といえるでしょう。油に漬けたものだと、オイルサーディンなどがあります。

②燻製

新石器時代にはその原型があったとされる燻製。現在では、大きくチップの煙を当てる方法と燻液を使う方法があります。

本格的なのはチップを使う方法です。燻液を使っている場合、原材料表示にもそれが書かれます。

また、燻す温度帯によって「熱燻《ねっくん》」「温燻《おんくん》」「冷燻《れいくん》」に分かれます。80℃～１４０℃の高温で一気に燻すのが「熱燻《ねっくん》」、30～80℃の温度で燻すのが「温燻《おんくん》」、15℃～30℃の温度で長時間燻製をかけるのが「冷燻《れいくん》」です。

時間を掛けて煙を当てた方が、いわゆるスモーキーフレイバーも付きやすくなります。そのため燻製の代表ともいえるスモークサーモンは「冷燻《れいくん》」だと、香り良く仕上がりやすいです。なお、日本の燻製品だと、鮭とばが代表的です。

③干物

干物の歴史も古く、日本の縄文時代の貝塚からもその跡が見つかっています。干物の分類は様々ですが、ここでは干し方で分けてご紹介します。

第一に、素干し。生の魚を水洗いし何も加えずに乾燥させたもので、スルメや身欠きにしんが代表格です。水分はほとんど抜けているため長期保存できます。

なお、これらは乾物とも呼ばれますが、乾物といった場合は野菜や海藻も含んだ乾燥品全般を指します。一方で、干物といった場合はもっぱら魚介類を指します。

第二に、塩干し。塩干《えんかん》とも呼ばれます。水分は残しつつ、塩を加えて干すことで日持ちさせます。

製法は、塩水に漬けた後に干すという方法で、アジの開きやホッケの開き、イワシのめざしなどが代表格です。干す過程で熟成が進み生で食べるよりもうま味が増します。

干し方は、天日干し、一夜干し、機械乾燥などに分かれます。天日干しは日光によって表面が早く乾燥して膜ができ、焼き上がりをふっくらとさせます。一夜干しは、水分が残りやすいためソフトな仕上がりになります。

機械乾燥は現在、最も主流です。一見、人工的で美味しくなさそうに思われるかもしれません。しかし、各社が温度や湿度を調節して熟成も進むように研究しており、高級な干物が機械乾燥つくられることも多々です。また、閉鎖的な環境でつくられるため衛生的です。

第三に、調味干し。製法は塩干しと同様ですが、漬け液が塩水ではなく、醤油やみりん、塩を加えた酒などになり、みりん干しや酒干しになります。塩水でなくて調味液にするのは、味付けを変えるほか、臭みを抑えたり、熟成を早めたりするためです。

第四に、煮干し。関東では出汁を取るために乾燥させた小魚をもっぱら煮干しと呼びますが、西日本でそれらは「いりこ」と呼ばれます。ここでは「魚を煮た後に干すこと」という製法のことを言っています。

代表的なものは、カタクチイワシの煮干し（いりこ）やちりめんじゃこです。煮るのは腐敗の進行を止め、うま味を残すためです。

第五に、灰干し。紙やフィルムで魚を包み、火山灰を敷き詰めて覆うことで水分を吸収させて干す製法です。空気に触れないため酸化を防いで臭いが抑えられる点や、一夜干し同様に熱が加わらないため、しっとりした仕上がりになる点が特徴的です。

サバやイワシといった青魚に用いられることが多いのは、臭いが抑えられて美味しく仕上がるからでしょう。

第六に、文化干し。これは、魚をセロハンなどに挟み吸湿剤の中で乾燥させたもので、原理は灰干しに似ています。灰干し同様に青魚の臭いが抑えやすいからか、サバで用いられることが多くなっています。

第七に、凍干《こおりぼ》し。これは主に寒冷地の極寒期に行われる方法で、凍結した魚を干して水分を抜く方法です。代表的なものは棒鱈で、ポルトガルの塩漬け棒鱈「バカラオ」が有名です。

④練り物

練り物の代表格といえば蒲鉾です。蒲鉾は遅くとも平安時代にはあったとされ、「類聚《るいじゅう》雑要抄《ぞうようしょう》」という書物に「蒲鉾」が登場しています。

当時の蒲鉾は、今の形とは違い、魚のすり身を棒に巻いて焼く形で、ちくわに近い形をしていました。一説には、その形が蒲《ガマ》の穂に似ていたことから「蒲鉾」と名がついたそうです。

蒲鉾は広義には、魚をすり身にして塩などを加えて練り、加熱をして固めたものを言います。しかし、何の魚を使うか、何を混ぜるか、どうやって加熱するかなどの具体的な方法は地域や事業者によっても様々です。

使われる魚は、グチやエソ、イトヨリ、スケトウダラなどの白身魚に加えて、イワシ、サバといった青魚など。混ぜられるものは、塩、みりん、砂糖、でん粉などです。

加熱方法は、小田原蒲鉾に代表される蒸す方法のほか、仙台の笹かまぼこや青森県の焼きちくわに代表される焼く方法、鹿児島のさつま揚げに代表される揚げる方法があります。

蒲鉾を応用したものでは、すっかり世界的な人気商品になった「カニカマ」があります。カニカマは、1972年に石川県のスギヨによって開発されました。

最初のカニカマはフレーク状で、それから改良が重ねられ、カニの棒肉に近い形になっていきます。第四世代といわれる今のカニカマは、味もかなり良くなっています。

また、魚肉ソーセージも練り物の1つです。その発祥は諸説あるものの、1935年に農林水産省水産講習所の教授がマグロを使ってツナハムを試作販売したのが最初といわれています。

つくり方は、蒲鉾とほぼ同じですが、すり身をソーセージ状にして密閉して加熱するため、常温保存が可能です。この点が缶詰に似ていること、その味の良さや手軽さ、栄養価の高さから「サバ缶ブームの次はギョニソ（魚肉ソーセージの略称）が来るのでは？」ということが、水産業界ではささやかれています。

⑤発酵

有用な微生物を活用する発酵食品は様々です。代表的なものに絞ってご紹介します。

まず、ここまでにご紹介した「鮭の山漬け」や「塩引き鮭」のように、干物にも発酵の要素が絡んでいる場合があります。

そして、その代表格といえば「くさや」です。

くさやは、ムロアジやトビウオなどの魚を開いた後、魚醤にも似た独特の「くさや液」に浸し、その後に干すことでつくられる伊豆諸島の加工品です。このくさや液は、島で貴重だった塩水を保存しながら大事に繰り返し使う中で、独特の微生物が棲みついて出来上がりました。

くさや液は古いものほど良いとされ、二百年以上前から手入れして、保存されているものもあります。魚は、このくさや液により発酵が進み、独特のうま味と匂いが作り出されます。

次に、紹介するのが「鰹節」です。鰹節は、そのもととなるものは奈良時代からあったとされますが、今の形が定着したのは江戸時代の頃です。

鰹節の種類は様々ですが、その中で最も手間が掛かる「枯節(荒節、本枯節)」は、干物でもあり、発酵食品でもあります。

枯節の製法は次の通りです。カツオを三枚におろして煮た後、皮をはいで半乾燥させ

「なまり節」をつくります。次になまり節を燻製して、カツオブシカビを噴霧して乾燥させます。

しばらくしたら、カビを削り落として、またカビを付け乾燥させカビを削るという工程を繰り返します。この工程は、数ヶ月から2年程掛かります。カビによって水分が完全に抜かれ、発酵が進行してうま味の多い枯節が出来上がります。

なお、スーパーなどで売られている安価な鰹節は、カビ付け前のものであることが一般的です。これらは、「鰹削り節」と呼ばれ、食品表示をよく見るとそのように書いてあります。

枯節は、鰹削り節よりも断然手間暇が掛かっており、うま味が増していますので、本格的な料理をするときに重宝します。

さて、魚の発酵食品として最もポピュラーともいえるのが「塩辛」でしょう。塩辛は、塩漬けに発酵が加わった食品です。塩漬けしたものを放置しておけば、できる可能性が高いため、はっきりとはしませんが、塩漬けと同様に紀元前から存在していたものと推測されます。

塩辛といえば、イカの塩辛が最もよく知られていることでしょう。イカの塩辛は、切り刻んだイカの身にイカワタと塩、調味料を混ぜ、しばらく放置するだけで発酵が進み、うま味が増します。

このほか、カツオの内臓の塩辛である「酒盗《しゅとう》」、鮭の血合いの塩辛である「めふん」も非常にうま味が増しており、酒のアテになります。

ナマコの内臓の塩辛「コノワタ」は、ウニ（汐うに）、カラスミと並ぶ日本三大珍味にもなっています。魚醤《ぎょしょう》やナンプラーも塩辛と同じ製法でつくられますが、こちらはもっぱら液体部分が利用されます。

このほか、塩蔵品としての「タラコ」や「明太子」、サケ・マス類の卵「スジコ」の塩蔵品、ボラの卵を塩蔵した後に乾かした「カラスミ」も製造過程で発酵を起こし、うま味が増しています。魚とご飯を同時に乳酸発酵させる「なれずし」は、にぎり鮨の原型ともいわれています。

ALL ABOUT THE FISH BUSINESS

6 サバ缶の様々な活用法

ここまで、魚の加工品について様々なことを書いてきましたが、非常に種類も多いことがお分かりいただけたことでしょう。

魚は、「調理しにくい食材」というレッテルを貼られがちですが、実は加工品が多く、上手く使うことで「調理が簡単な食材」に化けるのです。

この一例が、コロナ禍での干物ブームでした。

干物は、食べたいときにただ焼くだけで１品ができてしまいます。グリルがなければフライパンでも焼けますし、冷凍すれば長期保存もできます。このような特性をもった干物は、コロナ禍の巣ごもり需要が高まった際に魚売り場を中心によく売れていました。

このことからも、「魚は調理しにくい食材」というのは幻想で、むしろ現代ニーズに合った食材であることがお分かりいただけると思います。

また干物と同じくして、コロナ禍ではサバ缶ブームも再燃しました。理由は、保存も効いて、干物と同様に食べたいときに簡単に美味しく食べられるからです。

この章の最後の締めくくりとして、サバ缶がいかに簡単に日々の食事に活用できるかについて述べていきます。私がおすすめしたいサバ缶の活用方法をまとめてみました。

①そのまま食べる

そのまま食べるといっても、合わせるものを変えるといろいろな楽しみ方ができます。

まず、水煮の場合、何も加えずに食べるほか、醤油やポン酢をかけても美味しくいただけます。また、汁を抜いて代わりにお酢を満たして10分程置くだけで、しめ鯖風の味付けで楽しむこともできます。

ほかの素材をチョイ足しすることでも楽しみ方のバリエーションを広げられます。ネギやミョウガ、カイワレ、大根おろしといった薬味を添え、さらにポン酢を加える。ほうれん草のおひたしと合わせるのもおすすめです。ガリも人気の付け合わせです。また、味噌煮の場合は、溶かしたバターや卵黄を加えることによってコクがアップします。

②汁ごと料理に活用する

2つ目は、汁ごと料理に活用する方法です。サバ缶は、煮汁にも栄養が多く溶け込んでいるため、まるごといただきたいところです。また、煮汁をだし汁として活用することもできます。

オーソドックスには、汁物。鍋に入れて水を加えて温め、味噌を入れるだけで簡単なサバ汁が作れます。

このとき出汁を取る必要もありません。大根も一緒に茹でたり、刻みネギを加えたり、応用して冷や汁にしたりもできます。私の出身地である新潟県上越地方では、サバ缶と竹の子を合わせた味噌汁が郷土料理にもなっています。

また、ご飯を炊くときに汁ごと加えれば、炊き込みご飯が簡単に作れます。このとき、水煮でも良いですが、味噌煮やうま煮でも美味しく作れます。さらには、刻み生姜や薬味も加えるとより一層美味しく仕上がります。

また、洋風の料理にも使いやすく、洋風カレーに入れてサバカレーにしたり、トマトピューレと合わせてパスタソースにしたりと様々に活用できます。

どれも「そのまま入れるだけ」で、特に下処理も必要なく、簡単に調理できる点が良いです。

③汁を切って料理に活用する

3つ目は、汁を切って料理に活用する方法です。

キャベツと合わせて炒めものにしたり、ネギと一緒に甘辛く炒めてみたり、麻婆豆腐にひき肉の代わりに入れてみたり、ハンバーグにしてみたり、ゴーヤチャンプルに入れてみたりと活用方法は様々です。

また、この時に汁を捨てるのはもったいないので、別途だし汁として活用すると良いでしょう。お酒を飲まれる方であれば、熱燗を注いでサバ燗酒にするのも美味しいです。

ほかの魚の加工品も同様に、半調理品であるので、様々な料理に簡単に活用することができます。ぜひ、日々の暮らしの中にも魚の加工品を取り入れてみてください。

ALL ABOUT THE FISH BUSINESS COLUMN

世界が大注目のカニカマ技術

日本で開発されたカニカマは、今や世界中で人気の食べ物となりました。最も食べている国はフランスと言われ、海外では「ＳＵＲＩＭＩ（すりみ）」の名前で親しまれています。カニカマは、なぜここまでの地位を築けたのでしょうか。その歴史を振り返りながら探ってみたいと思います。

カニカマを開発したのは、石川県の水産加工会社スギヨ。スギヨは「ビタミンちくわ」も主力商品で、練り物の製造を元々主力としていました。

そんなスギヨですが、１９６０年頃に珍味に使う「クラゲ」の代替品開発を珍味業界から要請されていました。しかし、なかなか上手くいかない日々。そんなとき、開発者が人工クラゲを刻んで食べたところ、カニの身にそっくりだということに気がつきました。「これに蒲鉾の技術を応用すれば、カニ肉そっくりなものができるのでは？」という着想から、カニカマ開発にシフトしたといいます。

そして1972年、世界初のカニ風味かまぼこ「かにあし」が発売されました。最初のカニカマは、ほぐし身のような繊維状のもので、第1世代と呼ばれます。これを築地市場に持ち込むと1社に注目され、そこからいきなりの大ヒット商品にまで成長しました。

1974年には、他社からスティック状のカニカマが発売されるとそれがブームになり、ここからカニカマ第2世代が始まります。さらに、1990年には実際のカニ脚の形状により近い形のカニカマ「ロイヤルカリブ」がスギヨから発売されました。ここから、カニカマは第3世代へと突入します。

そして、今のカニカマは第4世代と言われます。これは2004年にスギヨから発売され天皇杯も受賞した最高級カニカマ「香り箱」をキッカケとしています。この頃になると、カニカマの味も本物と遜色ないくらいまで進化してきます。

そして、昨今では、このカニカマの技術を応用して、ウナギやホタテなどを模した様々な練り製品が生まれてきています。カニカマの技術は、水産資源が限られる中、その負荷分散を図ることもでき、ゆくゆくは細胞培養によって生産された魚肉を様々な形に変えられる技術でもあります。これからも世界から大いに注目されていくことでしょう。

第6章

豊洲市場から学ぶ 水産流通の世界

Chapter 6 :

The World of marine product distribution

ALL ABOUT THE FISH BUSINESS

1

豊洲市場はなぜ世界一なのか

第6章では、誰もが知る豊洲市場を主な題材として、水産流通の世界を解説していきます。豊洲市場といえば、世界中からも人が訪れ、世界一の水産物市場とも言われます。

まず、豊洲市場の概要や歴史を簡単におさらいしましょう。

豊洲市場の正式名称は、「東京都中央卸売市場豊洲市場」です。国が認可し東京都が開設する市場として、水産部門と青果部門を有します。敷地面積40・7万m^2、延床面積51・7万m^2の大きさで、築地市場の約1・7倍、東京ドーム7・5個分の日本一大きい市場で、世界的にも大規模といえます。

豊洲市場の歴史をたどると、そのルーツは徳川家康が将軍だった1600年代当初にまで遡ります。

家康は、江戸城内の食糧を用意するため大坂の佃村から漁師たちを呼び寄せて幕府に魚を納めさせました。漁師たちは、その残りを日本橋のたもとで売るようになり、豊洲市場のルーツとなりました。また、魚市場が、「魚河岸」と呼ばれる由来にもなっています。

この状況は長く続きましたが、大正期の１９２３年が激動の年となります。「中央卸売市場法」により日本橋の魚市場は３月に東京市が指導、運営するようになりました。しかし、９月に関東大震災が発生。甚大な被害が生じ、日本橋の魚市場はなくなります。

その後は、芝浦の仮設市場を経て、12月に魚市場が築地の地にやってきます。最初は暫定的な市場でしたが、昭和に入った１９３５年に東京都中央卸売市場として以前の築地市場が開場しました。

それから、築地市場は約80年という長きにわたって利用された後、豊洲市場に移転することとなります。新たな時代の流通ニーズに応える市場の必要性が叫ばれる中では、築地市場を改築する案もありました。しかし、流通量も増え狭くなったことや施設の老朽化が進みすぎたこともあり、場所を移すこととなったのです。

このような歴史の中で、豊洲市場は築地市場の時代から「世界一の魚市場」と言われるようになります。これは、「取扱量」と「取扱金額」が世界一だからです。

東京都の市場統計情報によれば、2021年の豊洲市場の取扱量は年間で約33・3万トン、取扱金額は約3800億円となっています。世界二番目の取扱量を誇るのは、スペインのマドリードにある魚市場「メルカマドリード」ですが、近年の取扱量は年間で約14万トン、取扱金額は1500億円程です。

ただ、広さに関してはメルカマドリードの方が広く、約176万㎡と豊洲市場の4倍以上の広さがあります。また、取り扱っている水産品の種類もメルカマドリードは多く、約1000種類と言われます。ちなみに、種類はどう区分けするかにもよるので単純な比較はできませんが、豊洲市場は約500種類となっています。

メルカマドリードとの比較からも、豊洲市場が世界一と言われる所以は、やはり「取扱量」と「取扱金額」にあると言えます。

では、なぜその2つが世界一なのでしょうか。

これは、日本人の魚を食べる量が多く、その日本人が密集している地域だからということが、理由の1つでしょう。さらに、全国や世界に魚を流通させるハブの役割も担っている点も大きいといえるでしょう。

魚離れが進んだとはいえ、世界の中で見れば、今でも日本はかなり多く魚を食べる国です。ＦＡＯ（国際連合食糧農業機関）の「世界・漁業養殖白書２０２０」の調べでは、世界における１人あたりの魚介類の年間消費量（※粗食料）は20・５kgですが、日本人は45kgと倍以上です。

ただ、日本人の魚介類の消費量が年々減るに伴い、豊洲市場の取扱量と取扱金額も年々下がってきています。世界一の魚市場であり続けるためには、日本人の魚に対する関心がカギとなってくるでしょう。

※粗食量…食用向けの量。魚の場合、頭や内臓なども含む。

ALL ABOUT THE FISH BUSINESS

2

豊洲市場の中はどうなっているのか

豊洲市場といえば、魚をはじめとする食料の一大流通拠点であると同時に、東京を代表する観光地でもあります。いつか行ってみたいと思っている方には、「中はどうなっているのだろう」と気になる方もいらっしゃるのではないでしょうか。

ここからは、豊洲市場の中がどうなっているのかをご案内しながら、市場がどのような施設なのかについて述べていきます。

まず、豊洲市場は道路を挟んで3つのエリアに分かれます。このうち、果物や野菜を扱う市場が入る青果棟が5街区、仲卸の店舗が並ぶ水産品仲卸売場棟が6街区、水産品のセリが行われる水産卸売場棟が7街区となっています。

ちなみに、街区というのは豊洲の街のエリアを表し、4街区以前の場所には他の商業施設や公園などが立ち並びます。

さらに、6街区の水産仲卸棟と7街区の水産卸売場棟は、地下通路でつながっています。7街区のセリ場で競り落とされた魚は、この地下通路を通って6街区の仲卸店舗にも並びます。豊洲市場は基本室内の閉鎖型施設で、高温にならないように温度が保たれています。これにより入荷から出荷までのコールドチェーンを保てる構造になっています。

さて、卸売市場の基本的な流れを説明しましょう。

卸売市場には、いまや世界各地から食品が集まります。まず、卸売会社が品物を集め、セリを行います。このセリに参加するためには買参権という資格が必要となります。買参権を持っているのは通常、仲卸や市場外の問屋、中堅以上の小売店になります。

ところで、セリといえば、マグロのセリのように威勢の良い掛け声で行うイメージがあると思います。ただ、そのような「上げゼリ」はセリの形式の一部にすぎず、形は様々です。

豊洲市場の場合でも、値段を書いた札を投じる「入札」や、売り手と買い手の話し合いの末に値段を決める「相対」といった形もあります。特に時代が進むにつれ、現在では「相対」が増えている状況です。

セリが行われた後の流れは様々です。仲卸売場に店を構える仲卸が競り落としたものは、店舗に並んだり、取引先に送られたりします。市場外の問屋やスーパーが競り落としたものは、そのまま市場から出ていきます。

豊洲市場の場合、仲卸の店舗に並ぶものは、地下通路を通って6街区の仲卸店舗に運ばれ、外に出ていくものはセリ場と同じ7街区の上の階などに停まっているトラックに載せられていきます。

このうち仲卸店舗に運ばれたものについては、小売店や飲食店などの買出人によって買われていきます。この仲卸店舗で買い物をする人に、資格は特に必要ありません。そして、買出人が買った品物は市場を出て様々なところに運ばれます。

豊洲市場の場合、そういった買出人の車両は仲卸売場がある6街区に置かれることが多くなっています。

また、豊洲市場といえば、「市場めし」にも目を惹かれることでしょう。そのような飲食店は、市場の建物の中や周辺の様々なところに入居しています。

例えば、5街区の青果棟1階には、築地市場の時代から行列店で有名な「大和寿司」や、天ぷらの「天房」など。6街区の水産仲卸売場棟の3階には、大和寿司と双璧をなす「寿司大」や、築地市場に一号店があった牛丼の「吉野家」など。7街区の水産卸売場棟の3階には、とんかつの「八千代」や喫茶の「木村屋」などが入居しています。

「市場めし」というと、海鮮のイメージが強いと思いますが、実は市場に勤めている人たちは、あまり食べません。市場就業者の日々の食事は、お弁当を頼んだり、社食だったり、あるいは海鮮以外の飲食店であることが多いといえます。これは、日々水産品を扱っていてあえて食べようとも思わないためなのでしょう。

また、市場就業者は普段から食品を扱っている分、舌も肥えています。そのため、市場関係者に人気の飲食店は味が良いことも多々です。

豊洲市場でいえば、カレーの「中栄」、鳥料理の「鳥藤」、とんかつの「小田保」、喫茶の「センリ軒」などは、築地市場時代から人気のお店です。

海苔や鰹節などの乾物、玉子焼き、包丁や各種道具を販売している店舗は、6街区水産仲卸売場棟4階「魚がし横丁」に集まっています。あとは、東京都の事務所のほか、市場の資料展示なども各所にあり、世界一の魚市場を五感で楽しむことができます。

まだ、足を運んでいない方は、ぜひとも一度足を運んでみてください。

ALL ABOUT THE FISH BUSINESS

3

豊洲市場に人が集まるのはなぜか

豊洲市場には、日々人が集まります。東京都によれば豊洲市場の水産部門に関わる事業者は、令和2年4月1日時点で卸業者7、仲卸業者481、関連事業者が147、売買参加者289となっています。

これに加えて、買出人や観光客も多く押し寄せる豊洲市場。かつて、築地市場の時代には多い時で1日4万人以上の来場者があるとも言われました。

豊洲市場には、魚だけでなく、なぜこんなにも人が集まるのでしょうか。これは、豊洲市場が水産物の一大「物流」拠点であると同時に、一大「商流」拠点であることが理由になっています。

豊洲市場には、人だけでなく魚も集まってきますが、実は取引されているのに集まってこない魚もあります。どういうことかというと、注文は豊洲市場で受けるのですが、モノは違うところにあり、そこから直接相手先に届けられるというパターンがあるのです。

このように流通は、物の流れである「物流」と商的な流れである「商流」に大別されます。

私が2007年に築地市場の卸売会社に勤めていた頃、先輩社員に「これからは、モノは郊外にある保管賃の安い冷蔵庫に置きながら、築地で商談だけを行う時代が来る」と言われたことがあります。この話のように、やろうと思えばオンライン上でもどこでも、人が集まって商談する場を設け、そこを商流の拠点とすることは可能です。

そして、物流は別で組み立てる。ICT（情報通信技術）の進んだ現代ならそんな世界があっても良いはずです。

しかし、豊洲市場は現在でも物流の拠点でもあり、商流の拠点でもあります。一体、なぜでしょうか。

これには、魚の商品特性が関係しているといえるでしょう。鮮魚は現在でも生の冷蔵品が多く、日々入荷状況や品質が変わりやすい商品です。モノは別の場所に置きつつ、商談だけを行うという話は、日々品質が変わらないからできる話でもあります。

ここで、「画像や動画での通信を行えばできるのでは？」と思う方もいらっしゃることでしょう。しかし、それでも細部の様子や微妙な色の違い、匂いなどの視覚以外の情報はやり取りしにくいところがあります。魚は日々変わる繊細なものだからこそ、日々、人の五感できちんと確認する必要があるのです。

このことが、物流と商流を切り離せなくしています。その結果、魚も人も一緒に集まってくるというわけです。

もちろん、今後、日々変わらない規格化された魚が増えてくれれば、物流と商流を切り離して構築することも可能となってくるでしょう。そのカギを握るのは、冷凍魚や養殖魚、加工品といった定常を保てて量産できる水産品です。

ただ、それらばかりに溢れ、生の鮮魚がなくなってしまっては、日本の魚食文化の魅力は落ちてしまいます。

そうならないためにも、豊洲市場のような魚市場は重要な役割を果たします。魚市場は、日本の素晴らしい魚食文化を守っていく役目も担っているのです。

ALL ABOUT THE FISH BUSINESS

4 築地場外市場が今でもあるのはなぜか

豊洲市場移転の際、「築地がなくなる」という声を耳にしたことがある方もいると思います。

これは大きな誤解です。移転の対象は、東京都の施設である「築地市場」（いわゆる「場内」）であって、築地の街やそこにあるお店（いわゆる「場外」）が移転するという話ではないからです。

また、市場移転の際には、「築地場外市場は移転しません」というメッセージが、築地の街に掲げられていました。そして、今でも築地場外市場は移転せずに残っていて、営業が続いています。

ここからは、この築地場外市場を元に、市場の種類や豊洲市場移転とは何だったのかについて述べていきます。

まず、豊洲市場と築地場外市場の市場は意味合いが違います。豊洲市場は、東京都が運営する流通拠点施設を指します。一方で、築地場外市場は、店が立ち並び売り買いをする場所です。一言に「市場」といっても表すものは様々です。それらについて整理しましょう。

豊洲市場のように公的な団体が運営する「市場」は、公設市場となります。このときの「市場」は流通拠点としての施設を指し、卸売市場法が設置根拠となっています。

公設市場は大きく、国が許可をして開設される「中央卸売市場」と、都道府県が許可をして開設される「地方卸売市場」に分かれます。

このうち、豊洲市場は中央卸売市場にあたり、正式名称は「東京都中央卸売市場豊洲市場」となります。地方卸売市場の例では、川崎南部市場(川崎市地方卸売市場南部市場)などがあります。

さらに、この公設市場はその性質によって「産地市場」と「消費地市場」に分かれます。「産地市場」は、産地で生産されたものを流通させる施設、「消費地市場」は、消費地に集まってきたものを流通させる施設です。

例えば、関東の大きな漁港に銚子漁港がありますが、銚子の市場は「産地市場」ということになります。また、漁師が獲った魚は、産地市場の仲買から、消費地市場の卸に渡り、流通していく流れがオーソドックスです。

これに対し、築地場外市場の「市場」は、法的根拠があるわけではなく、場所を指します。いわば、商店街やショッピングモールに近いイメージで、「お店が集まった場所」と捉えると分かりやすいです。

では、今の築地場外市場は、どのような状況なのでしょうか。

豊洲市場の移転後に、築地に店舗を構えるいくつかのお店に聞いたところ「移転前とそれほど変わらない」という声が聞こえてきました。さらには、「買出人から、『場内がなくなって街がコンパクトになった分、時間が掛からず便利になった』と言われた」という話も聞かれました。これらは、観光客向けではなく、純粋にプロ向けに商売を行う人たちから多く聞かれたことです。

実は、築地場外市場というのは、築地の隣に位置する銀座の飲食店にとっては、豊洲市場よりも利便性の高い立地にあります。また、鉄道・バスといった公共交通機関を使って買出しに来る小規模事業者にとってもアクセスが良く、小規模事業者に利便性の高い市場になっています。

一方で豊洲市場は、大規模な施設を構えているため、大規模な流通に向いています。

結局のところ、築地市場から豊洲市場への市場移転とは何だったのかというと、大規模な流通と小規模な流通で求められる性質が違うため、その棲み分けがされたということなのです。

これからも「築地がなくなる」ことは、当分の間ありません。築地場外市場が果たす役割は、東京や日本の食文化を守っていくにあたり、重要な位置にあるのです。

ALL ABOUT THE FISH BUSINESS

5

市場で食べるべきは新鮮な魚ではない

豊洲市場に限らず、市場に行くと決まって寿司屋や海鮮丼屋が立ち並んでいます。消費地の市場に行くとき、「市場では、やっぱり新鮮な魚を食べなきゃ」と思っていたとしたら、それは少し違います。

私は、新潟県糸魚川市にある筒石《つついし》という漁村の漁師の家庭で育ちました。実家は小型底曳網を営んでおり、様々な水揚げ直後の魚を食べる生活が続きました。

筒石《つついし》のすごいところは、陸から漁場までの距離が近いこと。海底の起伏が激しい地域のため、ズワイガニやタラ類といった深いところに棲みつく魚の漁場もすぐ近くです。

通常、このような底物の魚は、陸から漁場までが遠く、水揚げする頃には鮮度が落ちてしまいます。しかし、筒石の場合は底物といえども鮮度の良い状態で水揚げされるのです。

このような環境で育った私は、大学進学に伴って上京することになります。そして、築地市場にも行きましたが、正直、東京の魚を新鮮だと思ったことがありません。皆様が努力されている中、失礼に聞こえてしまうかもしれませんが、これは当然のことです。

鮮度は、どんなに頑張っても産地には勝てないのです。魚は獲られた直後からどんどん鮮度が低下していきます。もちろん、処置をすればその速度は遅らせることができますが、落ちることには変わりません。

一方で、上京後に驚いたこともあります。それは、筒石にいた頃には、見たこともない魚たちがいたことです。

例えば、「イサキ」は全国でもメジャーな魚ですが、筒石では、ほとんど見ませんでした。また、同じ魚種でも全国各地の様々な産地の違いを楽しむことができます。消費地市場の本当の強みとは、全国各地、世界各地から様々な魚が集まってくることなのです。

この市場の強みを最大限に活かせる食べ方は、様々な魚のネタを楽しむ寿司や、様々な魚を丼にのせて食べる海鮮丼などです。鮮度ではなく、バリエーションを楽しむと頭を切り替えることで、市場ならではの要素をより楽しめるようになります。

ALL ABOUT THE FISH BUSINESS

6 今後市場はいらなくなるのか

昨今、市場を通らない市場外流通が増えました。生産者からインターネットを通じて直接魚が販売されるケースも増えています。

特に、産地からの直販は、中間コストが抑えられることもあり、いわゆる「中抜き」を進めようという人もいます。

実際、豊洲市場の取扱量や取扱金額は、年々減ってきています。およその年間取扱量／取扱金額は、２０１０年に53・３万トン／４３２３・８億円だったものが、10年後の２０２０年には33・４万トン（37・４％減）／３５８６・５億円（17・１％減）と右肩下がりに減っています。

もちろんこれには、国内の魚離れやコロナの影響もありますが、市場外流通が増えた影響も捨てきれません。

では、今後、魚市場はいらなくなるのでしょうか。

これは結論から言えば、「否」ということになります。理由について、述べていきましょう。

現代社会には情報が溢れかえっています。インターネットの発達によって莫大な情報にアクセスできるようにはなりましたが、かえって不便になった側面もあります。

それは、本当に必要な情報を探して、たどり着くまでに時間を要することです。このため、インターネットの世界では、情報を選んで集めて整理する「キュレーション」が進みました。ポータルサイトやまとめサイトがその典型例で、キュレーションは情報量が増えると必要となってきます。

一方で魚の流通はどうでしょうか。

市場は、世界各地の莫大な種類の商品を選んで集めて整理し、求める人のところに商品を提供するという役目を担っています。これは「キュレーション」そのものです。

魚市場では、流通の過程の中で、卸が魚を集め、仲卸がその魚を選んで、求める人々に提供するという仕組みで、キュレーションを実現しています。

この魚市場のキュレーションの中で特に重要となるのが、「目利き」です。卸が自らの地域に合った魚を目利きして集め、その魚を仲卸がさらに目利きをして、お客ごとに求める魚を提供する。これが市場の持つ機能の本質です。

この目利きの重要性を理解するため、漁師から魚を買った場合と消費地の仲卸から魚を買った場合の典型例を比較しましょう。

まず、漁師から魚を買う場合。漁師が知っているのは、もっぱら自らの魚です。さらには、消費地のニーズを把握することが難しい状況にあります。そのため、獲れたものを産地感覚でそのまま送るというスタイルになりやすい傾向があります。

これは私の経験ですが、多く獲れたと言って倍の量の2箱のアジが送られてきたことがあります。先方としては良かれと思っての行為なのですが、都市部の人の多くは扱いに困ると思います。

次に、仲卸から魚を買う場合。仲卸は様々な地域の魚を知っています。さらには、自分のお客のニーズも把握している状況にあります。すると、そのお客に合わせて求める魚を選んで提供してくれます。何の用途に使うのか、どんな魚が好きなのかが伝わっていれば、集まってくる魚の中から適するものを選んで売ってくれます。また、解体して半身で売ってくれることもあります。

「魚を選ぶ」ということは言葉では簡単ですが、高度な知識や見る目、細かな気遣いを必要とします。

「目利き」力は、まさにこの高度な能力のことをいい、これこそが市場がなくならない理由です。魚は日々変わるものです。それを日々見て選んでくれる人がいるからこそ、私たちは美味しい魚を日々食べることができるのです。

「中抜き」というものが確かに流行った時期がありました。しかし、その後プロの目線による「目利き」の重要性が見直されることになりました。これからも、魚ビジネスにおける魚市場の重要性は、特に「目利き」という点において続いていくことでしょう。

ALL ABOUT THE FISH BUSINESS COLUMN

訪ねたい全国の市場

豊洲市場以外にも、全国には魅力的な魚市場が多数存在しています。ここでは、その例をごく一部だけご紹介します。なお、実際に向かわれる場合は、その時々の状況をお確かめください。

札幌市中央卸売市場　所在地：北海道札幌市中央区北12条西20丁目2-1

北海道唯一の中央卸売市場。水産部門には、全国から様々な魚介が集まりますが、道内産のものが8割を占め、タラやホタテなど北海道らしい魚介を楽しむことができます。

仙台市中央卸売市場　所在地：宮城県仙台市若林区卸町

三陸の海の幸といった東北の魚介が多く集まります。市場には見学者通路も整備されています。場外に「杜の市場」という場外市場が整備されており、一般の方も買い物しやすくなっています。三陸のカキやウニ、マグロといった魚介を楽しむと良いでしょう。

横浜市中央卸売市場　所在地：神奈川県横浜市神奈川区山内町1‐1

関東圏では築地市場よりも先に開設された中央卸売市場。全国の魚介のほか、神奈川で揚がる地場の魚も楽しめます。消費者とのコミュニケーションにも熱心で、定期的に開催されている市場開放デーは大変賑わいます。

大阪市中央卸売市場　所在地：大阪市福島区野田1丁目1‐86

関西圏を代表する中央卸売市場。全国から魚介が集まりますが、西日本の食文化が息づく市場といえます。西日本ならではの魚種のバリエーションや高鮮度の魚が取り揃えられやすくなっており、豊洲市場と比較して見るのも面白いでしょう。

福岡市中央卸売市場　所在地：福岡県福岡市中央区長浜3丁目14‐2

長浜鮮魚市場の愛称で知られる海に面した市場。玄界灘などから鮮度の高いキンキンの魚が取り揃います。市場会館内に海鮮が楽しめる飲食店もあります。また、市場就業者との関わりも深い長浜ラーメンも魅力的で、周辺に多くお店が立ち並びます。

第7章

魚屋から学ぶ小売店の世界

Chapter 7 :
Understanding world of retail stores from the perspective of fishmongers

ALL ABOUT THE FISH BUSINESS

1 繁盛している魚屋は何が違うのか

第7章では、魚屋を題材として小売店の世界を解説していきます。ところで、魚離れの状況下にもかかわらず、いつも賑わっている魚屋を目にしたことはないでしょうか。

この章の最初は、そんな繁盛している魚屋は何が違うのかについて考えながら、小売店にとって大事なことを述べていきます。

昨今の魚離れの状況の中、業績好調を維持し続けている魚屋があります。その1つが関東や信越地区を中心に22店舗を展開する「角上魚類《かくじょうぎょるい》」です。

角上魚類《かくじょうぎょるい》は、新潟県長岡市寺泊に本社を構える魚屋で、店舗によって年末ともなれば午前3時前から行列ができる人気店です。テレビでも度々取り上げられ、その日に揚がった新鮮な魚介が安い値段で売られている様子が伝えられています。

このように、角上魚類《かくじょうぎょるい》が繁盛しているのはなぜなのでしょうか。これは、売上が芳しくないとされる一般的なスーパーの魚売り場と比較をすると一目瞭然です。ここからはそのポイントを3つに分けてお伝えしましょう。

①対面コーナーが充実している

第一に角上魚類《かくじょうぎょるい》は、対面コーナーが充実しています。対面コーナーとは、魚を置いて店員がお客と相対しながら販売をする売り場です。

角上魚類《かくじょうぎょるい》は、どの店舗にも必ずこの対面コーナーがあります。そこでは、日々違う魚が、基本的に丸魚の状態で、パック詰めされずに置かれています。

対面コーナーの良いところは、魚に詳しい店員とコミュニケーションを取りながら買い物ができるところです。分からないことがあれば聞いたり、店員側からもおすすめの魚や食べ方の提案を受けたりすることができます。日々、違う魚が入荷する点も楽しく、嬉しいところです。

一方で、一般的なスーパーの場合は、魚がパックに入れられて、ただ置かれているだけです。これでは、魚の知識が相応にないとどうやって食べて良いかが分かりません。また、様々な魚の中から今日は何を買うべきなのかが分かりません。

②店員の数が多い

第二に角上魚類《かくじょうぎょるい》には、店員が多くいます。もうそれは、どの店舗に行っても異常なくらい多くいる印象です。

赤羽店を例に話をしましょう。赤羽店は、高架下のビーンズ赤羽というショッピングセンター内にあり、八百屋や肉屋と共にテナントとして入居しています。そのため、スーパーと同じような売り場で、広さも一般的なスーパーと変わりません。

にも関わらず、見える範囲だけでも店員が常時20名程いる状況で運営されています。店員には、品出しをしている者や対面コーナーに立つ者もいますが、多くは対面コーナー奥の調理スペースで注文を受けた魚を捌いています。

一方で、一般的なスーパーの場合は、店員が少なく、売り場から見える範囲で3名〜6名程というお店がほとんどです。これでは、多くのお客からの捌く要望には答えられませんし、様々な魚を置くことが難しくなります。

③郊外出店が多い

第三に角上魚類《かくじょうぎょるい》は、郊外出店が多いのも特徴的です。

関東では、東京23区内の店舗は赤羽店と南千住店の2店舗のみ。あとは、都内だと小平店や日野店など郊外の店舗です。都道府県別では埼玉県が最も多く、7店舗を出店していますが、どこも東京のベッドタウンです。

角上魚類《かくじょうぎょるい》は、関東圏に進出しながらも、地価があまり高くないところにのみ出店していることが分かります。

これらのことを踏まえて、角上魚類《かくじょうぎょるい》を経営的に分析しましょう。対面コーナーにせよ、店員の数にせよ、角上魚類《かくじょうぎょるい》はあえて人件費を掛けるやり方をしていることに気がつきます。そして、土地代など、そのほかの経費は抑えています。

人件費抑制が叫ばれる昨今、一般的なスーパーの店員数が少ないのもその流れでしょう。しかし、角上魚類《かくじょうぎょるい》はその逆を突いて売上を伸ばしているのです。

では、なぜ人件費をかけると売上が伸びるのでしょうか。

ALL ABOUT THE FISH BUSINESS

2

魚屋は昔の方が効率的だった？

街にスーパーが台頭してくる前の時代。全国の商店街には魚屋が立ち並び、その頃は魚が売れていました。

では、その頃と今では何が違うのでしょうか。そして、前の節で述べた人件費を掛けられると魚屋の売上が伸びるのはなぜなのでしょうか。

まず、商店街の魚屋と角上魚類《かくじょうぎょるい》にはある共通点があります。それは、対面販売を行っているという点です。

街の魚屋は、狭い間口の店先に魚を並べ、お客と話をしながら売る対面販売が基本となっていました。そして、やってきたお客に「今日は何がおすすめか」「どのように食べると美味しくいただけるか」などの話をしていたのです。今風の言葉で表現するなら、「お魚コンシェルジュ」の役割を果たしていたのが昔の魚屋でした。

しかし、スーパーが台頭してくると街から魚屋が消え、「お魚コンシェルジュ」がいなくなっていきました。この頃から魚の消費がどんどん減って魚離れが進んでいきます。

実は、この「お魚コンシェルジュ」は、鮮魚の流通にとって非常に大事な役割を果たしていたのです。どういうことかをお話をしましょう。


魚の生産方法は、今も天然から魚を漁獲する方法が半分以上となっています。そうすると、毎日入荷状況が変わってきます。

今日安く仕入れた魚が明日高くなるかもしれませんし、違う魚が安く入荷してくるかもしれません。また、普段見ない魚が入荷してくることもあるでしょう。

さらに、魚は種類が豊富で、日本で主に食べられている魚種だけでも30種類は超え、時々食べるものも含めると５００種類以上を超えてきます。さらには、加工品も様々なため、魚全般の知識は莫大なものとなります。

多種多様なものが日々違う状況で入荷する。これこそが、魚という生鮮食品の最たる特徴です。このような扱いの難しい食材は、置いておくだけでは売れません。

私たちは普段、電球のようなわかりやすい商品であれば特に考えずに買いますが、パソコンのような複雑な商品の場合は調べたり、店員に聞いたりして買うのが普通です。魚の場合は、お店に置いてあるものが激しく変わるため、調べて知識をつけるよりもその場で店員に聞いた方が早い状況です。

このような状況だからこそ、「お魚コンシェルジュ」の立ち位置は重要で、今でも「魚は対面販売が一番売れる」と言われる所以なのです。

「なるほど。だったらスーパーでも対面販売をやればいいではないか」と思われるかもしれませんが、これには難しいところがあります。

なぜなら、他の食品はこれと真逆な状況だからです。例えば、肉であれば、種類は牛・豚・鳥の3種と少なく、冷凍流通が主で、日々の仕入れがダイナミックに変化しません。このような場合は、日々画一的な対応を組み立てる方が効率的です。

また、スーパーのような大規模に展開する形態では、なるべく業務を画一的にして横展開していく方が効率的です。

魚は本来、臨機応変な対応をした方が売れる商材です。これは画一的なものを大量に提供する方が効率的という、肉などの他の食品やスーパーという形態とは真逆です。しかし、時代が進むにつれてマス消費が進み、流通を画一的に整える動きが広がり、魚もそれに合わせなければいけなくなりました。

このような画一的な流通では、なるべく人為的な部分を排除し、マニュアル化やシステム化を進めた方が効率的です。その結果、人件費が削減されていくのです。

では、対面販売のような臨機応変な対応をするにはどうすれば良いでしょうか。これには、マニュアルでもシステムでもなく、人が対応するしかありません。

そして、臨機応変な対応が可能になれば、魚は売れるようになります。これが、「人件費を掛けられると魚屋の売上が伸びる」の理由です。

魚屋の効率的な経営で削るべきは人件費ではなく、土地代をはじめとした人件費以外の部分なのです。

このことは、角上魚類《かくじょうぎょるい》が売上を伸ばし続けてきたことが証明しています。そして、昔の魚屋もそうでした。

間口が狭い中で、しっかりと人がついて販売する。このスタイルは、魚の小売という形態において非常に効率的だったのです。

しかし、食品流通全体がシステマチックなマス流通に向かう中で、このような体制を確立することが難しくなってきたのが現在の姿です。

ALL ABOUT THE FISH BUSINESS

3

朝に丸魚、夕方に刺身パックが並ぶのはなぜか

魚売り場に1日いると、時間帯による変化に気がつきます。

それは、午前中からの早い時間には丸魚（頭の先から尾の先まで、丸ごとの魚）が置いてあるのに、午後の遅い時間にはなくなっていき、代わりに切り身やお刺身などのパック商品が増えるという現象です。

私が学生時代によく利用していたイトーヨーカドー大森店で、昔にこのようなことがありました。朝、開店当初に来店するとカツオが丸々1本、樽の中に入れられて大量に売られていたのです。

都市部の大手スーパーではあまり見ない光景で珍しいなと思ったのですが、夕方にもう一度行くと、そのカツオはなくなり、代わりに身を切り分けたカツオの柵や刺身のパック

が並んでいました。

「早い時間に丸魚を置き、遅い時間にパック商品を置く」。結論から言えば、このことは魚屋にとって効率的です。きっと、イトーヨーカドー大森店でも意図的にそうしていたのだと思います。では、それはなぜなのかを説明しましょう。

まず、小売店での魚の入荷は、朝一にバイヤーが市場などで仕入れ、午前中のうちに店舗へとやってきます。その頃、スーパーには飲食店で料理をするようなお客が多く来店します。このようなお客には、新鮮な丸魚が求められやすい状況にあります。

そして、時間が経ち、夕方になると仕事をしている人たちがその帰りに来店することが多くなります。そのようなお客は、あまり料理に時間を掛けられないため、丸魚よりも柵や切り身が求められます。

さらに夜も更けると、残業帰りで料理して食べる人はほとんど来店しません。そのようなお客は、すぐに食べられるお惣菜やお刺身パックを多く買い求めます。

時間ごとのこのような顧客ニーズを想定するなら、「早い時間に丸魚を置き、遅い時間にパック商品を置く」ことは、理に適っていることがお分かりいただけると思います。

ただ、この売り方をする理由はほかにもあります。それは、魚の品質を保てるからです。

「お刺身パックは夜の方が求められる」と言っても、あらかじめ午前中から用意をしておいても良いはずです。ただ、そうすると夜にはそのお刺身パックがダメな状態になってしまうのです。

なぜかというと、魚は細かくすればするほど、劣化が激しくなる食材だからです。丸魚よりも刺身の方が全体として空気に触れる面積が多くなります。すると、酸化が進みやすくなり、色が変色して味も損なわれてきます。また、湿度や温度変化も激しくなるため、乾いたり腐敗したりしやすくなります。

よく「おろしたての魚は美味しい」と言われますが、魚はなるべく食べる直前でおろした方が、劣化が進まず美味しさが保たれます。

つまりは、魚売り場では、最初から切り身や刺身を多く置かず、ニーズが高まる時間帯の直前に置いた方が美味しい魚を提供できるのです。

そして、夜に置かれたお刺身パックは、売れないで残っていると他の売り場よりも早くに値引きシールが貼られていきます。これについては、次でご説明しましょう。

ALL ABOUT THE FISH BUSINESS

4

魚屋の値引きはなぜ他の食品よりも早いのか

夜の遅くない時間帯（東京で言えば19時くらい）にスーパーに行くと、お刺身パックなどの多くの商品に値引きシールが貼られています。ほかの売り場では、まだ値引きシールは貼られておらず、「魚売り場だけ早いな」と思うことも多いのですが、これには相応な理由があります。

その理由を一言で言うなら、「魚は足が早い」から。つまりは、鮮度劣化が激しい食材だからということです。

生の鮮魚を買った場合、家庭の冷蔵庫で日持ちするのはせいぜい2〜3日程度です。自宅であれば、自家消費するだけなので見た目のことはさほど気にしないと思いますが、これが売り物となると話が違ってきます。

魚は基本的に、獲れてから死後硬直が進んで身が固くなり、時間が経つと柔らかくなってきます。

スーパーに並ぶ魚は、この死後硬直もあり、最初の見た目はピンとしています。そして、時間が経って死後硬直が解かれていくと見た目がフニャっとしてきます。

これは、丸魚の場合だけでなく、切り身や刺身になった場合でも基本的には同じです。よく「刺身は角がピンッと立っているものが良い」と言いますが、角が立っているということは身がまだ固いので新鮮だということです。しかし、時間が経ってくると角がなくなり、身がフニャっとし、身の色も酸化が進んで黒ずんできます。

もちろん、フニャッとした魚でも食べることに問題はありませんが、売れ行きはどうなるでしょうか。当然ながら、お客は角がピンッと立っていて黒ずんでいないキレイな魚を好みます。魚は置いてから最初は売れ行きがよくても、時間が経つにつれて瞬く間に売れなくなってくるのです。

「時間が経つとすぐに売れなくなる商品」。この点が他の売り場よりも値引きシールを貼る時間を早めます。もちろん、加工に回すなり、廃棄するなり、どんな手段を取るのかは店によってそれぞれですが、時間が経った魚には、何かしらの手段を講じなければなりません。

そして、値引きシールを貼るとするなら、売れなくなる前に貼られます。そのため、まだお客の来店があるうち、そして魚が完全に悪くなる前に値引きシールを貼るのです。

このようにすると翌日以降の売り場にも良い影響があります。前の日の魚が残っていたら、それを置くスペースが取られますが、出し切ってしまうことで次の新しい魚を置くスペースができます。

すると、仕入れたての新鮮な魚ばかりが売り場に並ぶことになります。

魚屋では、このようにして日々の魚の回転を早くすることが大事です。仕入れたての新鮮な魚を常に売り場に置ければ、魚がたくさん売れるようになります。

ここまでは、魚屋に共通する基本的な考え方を述べてきましたが、魚屋の状況は地域によっても違います。次からは、その地域ごとの違いをご紹介していきましょう。

ALL ABOUT THE FISH BUSINESS

5

地域で違う魚屋の品揃え

基本的に魚屋は、その地域の人々に魚を売る商売のため、地域ごとの流通状況やニーズに合わせた売り方をしています。

魚は日本各地で獲れるものが違いますし、東のサケ文化と西のブリ文化があるように、地域によって魚食文化も異なります。すると、全国各地の魚屋には、地域差が生じます。その地域差はどのようなものなのでしょうか。

私の趣味の1つに、「全国各地・世界各地の魚売り場めぐり」があります。各地を訪ねることが多く、仕事でも趣味でも訪ねた地域の魚売り場には必ず立ち寄ります。これまでで200箇所以上は訪ねていると思います。

そして、全国各地の魚売り場に行くと、品揃えが全然違うことに気がつきます。この違いを見ることで、地域ごとの魚食文化を見て取ることができます。これがめちゃくちゃ面白いのですが、今回はその全体的な傾向についてお伝えしましょう。

大きく分けると東日本と西日本の魚売り場は、品揃えが全然違います。

まず、東日本の魚売り場では、マグロなどの大きな魚の柵や切り身、アジ、イワシ、サバなどの青魚が多く置かれています。種類はそれほど多くなく、鮮度も西日本と比べるとバリバリではありません。

これに対して、西日本の魚売り場では、鯛やタチウオといった近海の白身魚が多く置かれています。そして、形も丸の小魚が多くなっています。これに加えて、赤身や青魚も置いていることが多く、魚のバリエーションは豊かです。鮮度はとれたてでキンキンのものが多くなっています。

このような東西の違いは、なぜ生じるのでしょうか。これは私の推測ですが、おそらくは海までの近さという地形の違いが関係しているのだと思われます

日本の東側は、陸続きの部分が西日本よりも多くなっています。そして、大きな漁港が太平洋側に集中しています。

そのような地形では、大海でまとまって獲れる大きな魚を漁獲後、広範囲に流通させるのが効率的です。また、海から遠くて魚が届くまでに時間が掛かる地域も多いといえます。

一方で、日本の西側は、瀬戸内海があり、海で区切られた地形をしています。そして、大きな漁港も太平洋側と日本海側の両方にあります。

そのような地形では、沿岸で様々な魚を漁獲後、それぞれの近場に流通させるのが効率的です。また、海から近く、魚が届くまでに時間が掛からない地域も多いといえます。

もちろん、現在では流通も発達して、世界中の魚が全国各地に流通するようになりました。しかし、歴史上、上記のような状況が長く続いたことは、地域の人々の嗜好や食文化に影響を与えました。それは、次のようなものです。

東日本は、バリバリな鮮度の魚ではなく、少し時間が経って熟成が進み、うま味や脂が出てきた頃合いの魚を好む傾向があります。

対して、西日本は、とれたてに近いバリバリな鮮度で、甘みがあって食感が良い魚を好む傾向があります。

地質学的な違いが生んだ東西の違い。このことが魚食文化に影響してニーズの違いを生み、東西での魚屋の傾向の違いを生んでいるのでしょう。

ALL ABOUT THE FISH BUSINESS

6

「今日は魚にするか？　肉にするか？」は魚の調子で決まる

この章の最後では、食品全体の中での魚屋の位置づけについて考えていきます。

夕飯に何を食べるかを考える際に、「魚にするか？　肉にするか？」を考える方も多いのではないでしょうか。

実は、この「魚にするか？　肉にするか？」問題を考えることは、食品全体の中での魚屋の存在意義を見つめることにもつながります。そして、結論として「魚にするか？　肉にするか？」は、「魚屋を見れば決まる」となるのです。どういうことなのかを述べていきましょう。

食材としての魚と肉の違いはなんでしょうか。「魚は種類が多いが、肉は少ない」「魚の品揃えは日々変わるが、肉はそれほど変わらない」「魚はすぐに悪くなるが、肉はもう少し日持ちする」など様々なことがいえるでしょう。それらはすべて正解です。

そして、これらを大局的にまとめるなら、「魚は変化しやすく、肉は変化しにくい」ということが言えます。

仮に、入荷状況を点数で例えるなら、こんな感じでしょう。

魚屋の入荷状況は、漁の状況によって日々変わりますから、30点の日もあれば90点の日もあるという状況。対して、肉屋の入荷状況は、畜産による生産で日々状況が変わるということはあまりないので、日々70点という状況。変化するのは魚屋、変化しないのは肉屋です。

このような状況で、どちらを選んだ方が得策かは、「魚屋が71点以上かどうか」によって決まります。

つまりは、豊漁が続いて魚屋の入荷状況が良い場合は魚を選び、時化が続いて魚の入荷状況が悪い日は肉を選ぶのが得策なのです。

ここまでの話は例え話です。実際にはどういったことになるでしょうか。

今日の食事を何にするかを判断するため、まずは魚屋の状況を見ます。そこには、いつもないような新鮮で安い魚や珍しい魚があるかもしれません。「今日しかないもの」がある確率が高いのは魚売り場です。そこで、これはと思うものがあれば買うと良いですし、イマイチだなと思えば買わずに、肉売り場などに行くと良いでしょう。

食品全体の中でも魚という食材は、トップクラスに変化が激しい食材です。つまりは、「毎日同じものがあるわけではない」「毎日同じ値段ではない」「毎日同じ品質ではない」。これをネガティブに捉えるなら、なんて不便な食材なんだろうとなります。

しかし、こう考えてみてください。「今日しかない特別な魚もある」「今日しかない安い値段のときがある」「今日しかないとびきりな品質のときがある」。このようにポジティブに捉えれば、魚は最高に楽しい食材に変わります。

調子が良いときもあれば、悪いときもあるのが魚という食材です。

調子が悪いときは、他の食材に役目を渡した方が良いと思います。ただ、そうするかどうかは、魚の調子を見るところから始まります。つまりは、食材全体の中で今何を食べるべきかは、魚で決まるのです。

少々大げさになってしまいましたが、魚とはそれだけ存在意義のある食材なのです。

ALL ABOUT THE FISH BUSINESS COLUMN

伝説級の魚屋　吉池

東京都台東区のＪＲ御徒町駅前に、「吉池」という創業１００年を超える総合食料品店があります。

この吉池は、魚売り場がかなり充実しており、プロの買出人や他県の人も買い物に来るほどの人気を誇っています。いったいどんなお店なのか、私なりにご紹介しましょう。

ちなみに、私自身も吉池の大ファンで、音声ＳＮＳで「吉池大好き芸人」というルームを毎週１時間以上開催し、配信は１００回を超えました。それくらい話しても話し尽くせないのが吉池です。１冊まるごと吉池でも良いくらいの内容がありますが、簡単にまとめてお伝えします。

吉池は、１９２０年に新潟県松之山町（現在の十日町市）出身の高橋與平《よへい》が、東京都港区赤羽橋にて鮮魚小売店を営む形で創業しました。そして、１９３３年に現在の御徒町駅前に本店ビルを移して総合食料品店になります。

その後、飲食店や箱根の旅館も経営するようになり、本店ビル最上階の吉池食堂も合わせて多角的な事業を展開しています。

また、北海道別海町には塩鮭や干物を製造する自社工場もあり、全国各地から様々な魚が集まってきます。

そんな吉池の最大の魅力は、何と言っても品揃えです。

全国各地の魚介や加工品が並び、普通のスーパーや百貨店、他の魚屋では手に入らないものが多数置かれています。もちろん、その時の入荷にもよるので、いつもあるわけではありませんが、その中の一部を紹介します。

珍しい魚介１　クリオネ（ハダカカメガイ）

２月頃には、氷の下の天使とも言われる「クリオネ」が入荷することもあります。クリオネは、鑑賞を目的として売られていますが、初めて見る人は「えっ!?」となること間違いなしです。

珍しい魚介2　ブドウエビ（ヒゴロモエビ）

1kg数万円もする超超高級エビの「ブドウエビ」も売られていることがあります。たった一尾だけで、3000円の値がついてもおかしくない幻のエビです。

珍しい魚介3　塩丸いか

ほぼ長野県内にしか見られないはずの「塩丸いか」も売られています。塩丸いかは、いかの加工品で、スルメイカの内臓を取り、茹でたイカの胴部に足とともに塩を詰め加工したものです。塩抜きした後に酢の物などにします。

さらに、吉池の店員さんは物腰やわらかで親切な方が多くいらっしゃいます。魚屋といえば威勢の良いイメージがありますが、行くと思わず和むのが吉池。プロなのに気取らない雰囲気が好きという方も多いはずです。

そんな吉池の雰囲気を象徴するのが、たまに開催される抽選会です。なんとハズレた場合の賞品が「サケの切身」なんです。しかも、結構いいサケのこともあります。これには、本当にいつも和ませてもらっています。

魚好きで行ったことのない方は、ぜひとも足を運んでみてください。

第8章

居酒屋から学ぶ飲食店の世界

Chapter 8 :

Understanding the world of restaurants
from the perspedive of Izakaya

ALL ABOUT THE FISH BUSINESS

1

魚が美味しい飲食店は店構えで分かる

第8章では、居酒屋を主な題材として、飲食店の世界を解説していきます。私たちが魚を手軽に食べられるところといえば飲食店でしょう。その中でも居酒屋は、魚のメニューも多く、かつ値段も手頃。そのため、最も魚を手軽に食べられるところ、と言っても過言ではありません。

魚ビジネスを語る上でも、飲食店は重要な位置を占めます。「魚は調理が難しい」と言われることがありますが、飲食店であればそれも関係ありません。食べる上で最終目的である「料理」を提供する飲食店は、種類が多くて扱いが難しい魚には都合の良い形態なのです。

魚ビジネスにとって、飲食店が重要な位置を占めることは、統計上からも読み取れます。

近年の総務省の家計調査を見てみると、食料総支出額に占める「魚」（小売）の割合が減っているのに対して、「外食」の割合は増えていることが分かります。

現場でも実際のところ、「魚屋をやめて飲食店に転業した」という方もいらっしゃいます。例えば、広島県海田町の「魚食堂たわら」。創業明治27年、老舗の魚屋でしたが、2005年に業態を食堂に変えました。

店主の俵さん曰く、「最近はライフスタイルの変化で、魚離れが顕著になってきました。小売店だけでは限界を感じ、お客様が調理せずとも気軽に魚を食べられるようにしたいと思って食堂を始めました」とのことでした。結果、今でもランチタイムを中心にお店は賑わいを見せています。

では、飲食店で魚を提供する際、大事になることは何なのでしょうか。これは、一言でいえば、「魚の商品特性に合わせた提供ができるか」ということになります。

魚という食材の特徴。その最もたるところの1つは、前章でも述べたように「変化が激しい」ことです。

魚は、天然から漁獲され、生のまま流通する割合が多い食材です。例えば、最高のマグロと最高のアジが入荷したとしても、１日経てばその品質が変わってしまいます。同じものが明日入荷するかは、分かりません。

このような状況で美味しい魚を提供するためには、「変化にいかに対応できるようにしておくか」が重要となります。

その究極は、「おまかせ」という提供方法でしょう。お刺身でも「おまかせ盛り」であれば、その日の入荷に合わせて、美味しい魚を選んで提供することができます。

逆に、「マグロの刺身」「アジの刺身」というメニューが多いと、今日の品質が悪かったとしても、その魚を提供しなければなりません。その場合、味も悪く割高になります。

これは言い換えれば、「提供するメニューの限定をなるべく避けると吉」とも言えます。「〇〇漁港直送」と謳えば美味しそうに聞こえますが、その日の〇〇漁港の魚は、入荷があるのか、品質が良いのか、定かではありません。逆に、仕入先を限定せず、広い中から魚を選んでいれば、今日一番美味しい魚を選べる可能性がグッと上がるのです。

このため、魚の「変化が激しい」という特性をよく分かっている飲食店は、店構えやメニューも至ってシンプルです。

昨今では、消費意欲を仰ぐため、美味しそうな写真や食欲をそそるキャッチコピーを店先にあしらう飲食店も見られますが、魚の場合はそれだと良くないのです。なぜなら、写真やキャッチコピーどおりの魚を今日出せるかどうかは分からないからです。店先に大胆な写真やキャッチコピーをあしらうことは、「当店は魚の商品特性を分かっていません」と言っているのと同じです。

逆に、魚が美味しい飲食店の場合は、店先にも余計な装飾がありません。例えば、「本日のメニュー」を簡単に手書きして置いているだけです。このようなお店は、「魚のことをよく分かっているな」と思って良いでしょう。

手書きのメニューは日によって変えられる分、魚の変化にも対応しやすいからです。また、素材と真剣に向き合っている分、メニューの見せ方には時間を割きません。「〇〇産ジューシーなホッケの炙り」などとせず、シンプルに「ホッケの干物」と書くのです。

ここからは、飲食店の世界について様々な裏側を見ていきましょう。

ALL ABOUT THE FISH BUSINESS

2

「とれたて」「新鮮」を謳うお店は信用できない

「とれたて」「新鮮」……飲食店でも、魚のセールスポイントを謳うために、このような文言はよく並びます。

一見良さげに見えるこれらの文言。しかし、よく考えれば、「とれたて」「新鮮」は、いつまでの、どの状態までをいえるのか、定義されていません。

つまりは、提供する側が「とれたて」「新鮮」と思っているだけであり、客観的に「とれたて」「新鮮」かは分からないのです。

魚の味を決める上で、鮮度は重要な要素の1つになってきます。そこで、飲食店での魚ビジネスを見るにあたり、まずは鮮度面を中心に魚という素材の特性についてお話ししましょう。

野菜や肉といった他の食材と魚を比較した場合、その最もたる特徴は、「劣化が激しい」ということです。

魚は水の中に棲んでいますが、陸上との環境は大きく違います。その代表的な要素が温度です。「素手で触ると魚が火傷する」と言われますが、魚にとって人肌は異常な温度。人にとっての常温も、魚にとっては常温ではありません。

ここで「冷蔵庫があるではないか」と思われるかもしれません。それでも他の食材以上に、魚は時間の経過でどんどん品質が変わっていきます。

冷凍にすれば、ある程度日持ちはしますが、温度帯によっても違います。マイナス二十度ほどの簡単な冷凍庫では、そう長くは品質を保てません。また、依然として冷蔵での流通が多いのも魚の特徴です。

これらを考慮すると「とれたて」「新鮮」を本当に追求するならば、とても難しいことが分かります。獲れた直後の魚を仕入れたとしても、置いておけばみるみるうちに品質が変わるからです。

このようなこともあり、飲食店にとって素材の仕入れと同じくらい大事になってくるのが「魚を止めない」ということです。

つまりは、新鮮な魚を、仕入れては出し、仕入れては出し……という魚の回転を早くすることが大事になってきます。しかも、仕入れの方は自然環境という外的要因の影響も大きいですが、出す方は自分たちの努力や工夫で何とかなるところがもっぱらです。

魚のことを分かっている飲食店は、「とれたて」「新鮮」を謳うことよりも、魚の回転を早めることを重視します。例えば、東京都中央区の月島にある、「魚仁《うおじん》」というすごいお店をご紹介しましょう。

魚仁《うおじん》は、私が「魚の美味しいお店の典型」と思っている大衆居酒屋です。狭いお店でも席数が多く、単位面積当たりで多くの魚を回転させられる形になっています。

さらには、注文から出るまでのスピードが早く、一皿あたりが大盛りで、お客の回転率も高くなっています。味も良く、価格も安いため、開店直後から店は満席状態。この状況が、魚の回転をさらに早めています。

魚仁《うおじん》のようなお店では、仕入れた魚は大方その日のうちに捌けてしまうでしょう。すると、また新鮮なものを仕入れて、すぐに提供するという流れが続きます。

飲食店で、魚の回転を早める要素は、このほかにも様々です。

例えば、店員数が多かったり、導線がスムーズであったり、メニュー金額が単純であったり……これらは提供スピードを早めます。また、海鮮サラダなど様々なメニューに魚介を活用すれば魚は早くなくなります。

「とれたて」「新鮮」を謳う以前に、美味しい魚を提供するために必要なことは、「魚をいかに早く回転させられるか」なのです。

ALL ABOUT THE FISH BUSINESS

3

魚は日替わりメニューが原則

飲食店には、いつも置いてある「定番メニュー」と、日によって変わる「日替わりメニュー」があります。

お店にもよりますが、このうち一般的に頼まれる頻度が多いのは定番メニューの方です。しかし、魚は定番メニューとは相性が悪く、日替わりメニューとの相性が良い食材ということは明らかです。

魚は、日によって入荷状況が変わります。

例えば、定番メニューに「アジの刺身」があったとしましょう。すると、アジが多く安く入荷する日は良いのですが、そうでない日は不都合が起きます。

提供する品質もまばらになったり、原価が超過したりすることも出てくるでしょう。これは、お店の経営的にあまりよろしくありません。

逆に、日替わりメニューだとどうでしょうか。アジの入荷が多くて、美味しい刺身を安く提供できる日はメニューに加え、そうでない日はメニューから外すということが容易にできます。

日によって入荷状況が変わる魚の場合は、「仕入れに応じて出すメニューも臨機応変に変えられた方が提供しやすい」ということがお分かりいただけることでしょう。

なので、魚の美味しい飲食店では、日替わりメニューが充実していることが多々です。また、同じ魚であっても、とびきり新鮮なうちは刺身で、少し悪くなってきたら煮付けや揚げ物で、といった具合に提供の仕方を変えてきます。

一方で、写真やメニュー名といったビジュアルを重視し、定番メニューに力を入れている飲食店も見受けられます。しかし、そのような飲食店は、魚の活かし方という点では、今ひとつであろうと見て取れてしまうのです。

ただ、魚の扱いに長けている飲食店でも、定番メニューに魚があることも見受けられます。その場合は、定番メニューの位置づけをよく理解している印象を受けます。

魚という素材の視点からすると、定番メニューの位置づけとは、「入荷が安定し、品質の変わりにくい魚」を使うものであるということ。具体的にいえば、冷凍魚であったり、養殖魚であったり、水産加工品を使って構成をするということです。

まず、冷凍魚は長期間品質保持がされるため変化がゆるやかで、計画的な仕入れと同じ品質での提供ができます。昨今は冷凍技術が高まり、解凍さえきちんとすれば、高鮮度で楽しめる魚も増えています。

養殖魚は、生け簀《いす》に泳がせておき、安定的な出荷が可能です。そのため、入荷も安定し、計画的な仕入れと同じ品質での提供も可能になります。また、養殖魚の歴史も魚種によっては、かれこれ70年以上とノウハウも蓄積されており、美味しいものが増えてきています。

水産加工品は、干物や缶詰、レトルトパック、半調理品などがそうですが、保存が効く状態で流通します。入荷が安定して、同じ状態で提供しやすいことはもちろん、調理も簡単で少ない人員でも早く提供できます。サバ缶の味が一昔前よりも良くなっているように、味や使い勝手の面でも進化を続けています。

これらの魚を上手く使うことで、定番メニューでも効率的に美味い魚を提供することが可能になります。

魚という素材の醍醐味である生の鮮魚は、もっぱら日替わりメニュー向き、テクノロジーを駆使した冷凍魚や養殖魚、水産加工品は定番メニュー向きということを頭に入れておくと良いでしょう。

ALL ABOUT THE FISH BUSINESS

4

アラ汁があると店の魚は美味しくなる

魚と肉は、同じタンパク源としてよく対比されます。

では、食材としての魚と肉の違いとは何でしょうか。肉質の違い、脂の質の違い、保存方法の違い……様々な違いがありますが、その1つは「魚は、一頭買いが基本である」という点です。

飲食店が肉を仕入れる際、通常は解体後、部位ごとに仕入れます。

一方で魚はどうでしょうか。マグロやカジキなどの大型の魚を除いて、基本は一匹まるごと仕入れられてきます。このことが、魚特有の事情を生み出します。

魚を扱う飲食店では、魚を捌いた後のアラを使った「アラ汁」が出てくる場合があります。このアラ汁を置いているお店は、魚という素材の特性をよく分かっているなと思って良いでしょう。そして、値段の割に美味しい魚が食べられるお店であることも多いと思います。

では、なぜアラ汁があると良いのでしょうか。具体的な例でご説明しましょう。

例えば、真鯛を1匹仕入れたとします。A店では、それを捌いて身の部分を刺身にし、3000円で売っているとしましょう。A店では、頭やアラの部分を捨てているので、お店の売上は3000円で終わります。

一方で、B店では、さらに頭をかぶと煮にして700円で売り、アラを味噌汁にして300円で売っているとしましょう。すると、B店の売上は4000円になります。

1匹の鯛が、3000円になるか、4000円になるか。使い方次第で売上が変わってくることが分かると思います。そうなると仕入れる魚はどう変わってくるでしょうか。仮に原価率を50％とすると、A店は1500円までしか仕入れに掛けられません。しかし、B店は、2000円まで仕入れに掛けることができます。

仕入れに1500円しか掛けられないA店と、2000円を掛けられるB店。どちらの方が質の良い真鯛を仕入れられるかといえば、高い金額を掛けられるB店であるのは当然です。

しかし、どちらの場合も真鯛の刺身の値段は同じ3000円でした。それなのに、A店は1匹1500円の真鯛、B点は1匹2000円の真鯛と差が生まれています。この差を生んだ要因は、「頭やアラを有効に活用したかどうか」という点にあるのです。

このように、魚は「一頭買いが基本である」がゆえに、その一匹を無駄なく使ってあげることで、飲食店は同じ値段でも良質な魚料理を提供できるようになるのです。

中には「アラ汁無料」という場合もありますが、食事全体の料金からそのアラ汁代が払われていると考えれば、話は同じです。さらには、ほかの汁物の具を仕入れる無駄を省き、限られたコストでお客に満足感を与えることができます。

魚1匹を無駄なく使うことは、食品ロスを防ぐという意味合いでも大事です。それだけでなく、使う魚を美味しくするという効果もあると知っておくと良いでしょう。

ALL ABOUT THE FISH BUSINESS

5 観光地で美味しく魚を食べるコツ

ここまでは、主に街中にある飲食店を想定してお話をしてきました。

ただ、街中以上に魚を食べたくなる場所といえば、漁港や市場といった観光地ではないでしょうか。そういった観光地の飲食店では、街中とはまた違った特徴があります。

まず、漁港近くの飲食店。

その強みは、何といってもその場で揚がった新鮮な魚が安く手に入るということでしょう。新鮮さを活かした地場の魚の料理は格別ですし、特に刺身は鮮度が良いと格別で、産地の強みが活かせる料理といえます。

これに対して、産地で出すにあたって疑問符がつくのが様々な魚介がのった海鮮丼です。海鮮丼といえば、全国どこでもマグロ、イクラ、エビ、サーモンなどで構成されているイメージがあると思います。ただ、マグロが揚がる漁港は限られますし、イクラを生産しているのはもっぱら北海道や東北地方です。それでもこれらが使われるのは、流通が安定していたり、保管しやすかったりして、いつでも出せて売れてしまうことが理由の1つです。また、産地の人たちの立場からすると、普段手に入らない魚は自分たちにとって貴重で、逆に「おもてなしとして出したい」という気持ちが働くこともあります。

一方で、都市部にある市場の場合は、状況がまったく違います。

その強みは、様々な地域から魚が集まってくること。これを活かした料理は、様々な魚介がのった海鮮丼です。

市場での海鮮丼は、様々な地域から集まる魚を一同に楽しむことができる市場の強みを活かした料理なのです。

逆に、鮮度の面では産地には勝てません。産地から市場に運ばれる際に、幾分か鮮度は落ちてしまうからです。なので、鮮度が求められる料理はどちらかといえば、産地の方が強いといえます。刺身もその1つです。

もちろん、街中の飲食店に比べれば幾分か良い鮮度では提供も可能ですが、市場やお店で止まっていた魚が出される可能性もあります（これは産地の場合でもそうですが）。

以上をまとめると、産地の強みは、鮮度の良い魚が安く手に入ること。強みを活かせる料理の典型例は刺身。

市場の強みは、様々な魚が手に入ること。強みを活かせる料理の典型例は海鮮丼ということになります。

観光地を訪ねる際や、お店を出店される際の参考にしてください。

ALL ABOUT THE FISH BUSINESS

6

魚よりも人が大事

魚が美味しい飲食店では、当然ながら質の良い魚が使われています。

しかし、魚という食材は日々品質が変わるもの。天候によって漁に出られず入荷がなかったり、相場が激しく動いたり、取っておいた魚が傷んだり……このようなことは日常茶飯事です。

この変化に対応するのは、結局のところ「人」になります。

飲食店では、魚の素材が良いことも大事です。しかしそれ以上に、魚をきちんと扱える人が切り盛りしていることが極めて重要になります。

では、どんな人だと良いのでしょうか。ここからは、飲食店で魚を美味しく提供できる人の特徴についてご紹介します。

まず、最初に挙げられるのが「行動が早い」という点です。魚は、鮮度劣化が激しく、素早く扱わないとどんどん鮮度も味も落ちてしまいます。何につけても動きが早く、決断も早い人は、魚を美味しくする性格と言って良いでしょう。飲食店であれば、注文を受けてから出てくるまでが早かったり、会話のテンポが良かったり、会計が早かったり……このような店員がいるお店は、魚が美味しい傾向にあります。

次に挙げられるのが、「臨機応変な対応ができる」という点です。これまでも述べてきた通り、魚は変化の激しい食材がゆえに、その日その日の状況に応じた臨機応変な対応が必要とされます。飲食店でいえば、お客とのやり取りでも機転の効いた対応をしていれば、魚に対してもそうしているはずです。言い換えるなら、気の利く人と言っても良いかもしれません。その場その場で状況に応じた接客ができる人というのは、魚を美味しくする傾向にあるといえるでしょう。

また、これは当然なことですが、「清潔な人」という点も大事です。魚の鮮度は、細菌類などがいない清潔な場の方が保たれます。飲食店でも魚の臭いがするお店としないお店がありますが、そもそも魚は鮮度が良ければ臭いません。それなのに臭うということは、魚が腐敗しやすい環境にあるということです。つまりは、清潔でない環境にあるということで、お店の環境を清潔にするかどうかは人次第です。

このほかにも、何気ない日々の変化に気を遣っていたり、素材と向き合っていたり、研究熱心であったりする人は、魚を美味しくしやすい性格であるといえるでしょう。

魚は素材が大事……といっても、結局のところ素材は毎日品質が変わります。ということは、それに人がどう対応するかが味を決めるのです。

美味しい魚料理を出せるかは、魚以前に人が大事。魚ビジネスをするにあたっても、このことはよく覚えておくべきでしょう。

ALL ABOUT THE FISH BUSINESS COLUMN

地域別　食べるべき魚

コロナ禍が落ち着き、旅行に出かける方も増えています。

旅先では、美味しい魚介を出してくれる、そんな飲食店を訪ねたいもの。そして、日本は南北に長いがゆえに、地域によっても獲れる魚が異なるため、その地域ならではの魚を食べたいものです。

ここからは、各地域でどんな魚を食べると良いのかについて述べていきます。

①北海道

サケ・マス類やホタテ貝、スケトウダラ、ホッケの生産が多く、ぜひとも食べたいところです。それから、タラバガニや毛ガニが獲れます。

ほかには、高級魚のキンキ、カレイ類、ニシン、イワシ、サンマなども多く揚がっており、おすすめです。脂ののった魚が多いため、脂好きにはたまらない地域です。

②東北太平洋側

太平洋側の沖合は世界三大漁場です。また、リアス式海岸の湾内は栄養が豊富で、貝類やウニがよく育ちます。サンマやサバなどの青魚、牡蠣やホタテ、アワビ、ウニなどはぜひとも食べたいところ。

秋鮭漁も盛んなので、イクラもおすすめで、毛ガニも美味しいです。また、沿岸部で獲れるメバルやドンコ（エゾイソアイナメ）などの白身魚も美味しいです。

③日本海東側（能登半島よりも東）

沿岸漁業がメインの地域でマダイなど、近海の白身魚やアジ、夏の岩牡蠣といった魚介はぜひとも食べたいところ。また、ズワイガニのコストパフォーマンスが良い地域でもあります。

基本的に東側はサケ文化で、特に新潟県の村上のサケは有名です。一方で、西側は鰤《ブリ》文化で、富山や佐渡の天然ブリも抜群に美味しい地域です。新潟県の糸魚川や富山県では、ホタルイカや深海魚も食べたいところです。

④関東

栄養豊富で魚が集まりやすい東京湾や相模湾を有し、特に表層や浅瀬の魚が充実しています。イワシやアジ、カマス、スズキ、シラスなどの漁も盛んでぜひとも食べたいところ。また、銚子など大型漁業の水揚げ基地やマグロで有名な三崎港もあり、食文化的にもマグロは外せない地域でしょう。

⑤東海

東海エリアは魚のバラエティに富む地域で、何でも食べたいところです。伊豆周辺は、キンメダイやタイ類のほか、底曳網も盛んでタカアシガニなどの深海の魚介も楽しめます。焼津港では遠洋、沖合船によるマグロ、カツオが多く水揚げされ、浜名湖や三河湾、伊勢湾では車エビやアサリも豊富です。天然とらふぐにはブランド物が多くあります。

⑥日本海西側（能登半島よりも西）

沿岸漁業とともに沖合漁業も盛んな地域です。沖合漁業ではまき網で漁獲されるアジやサバ、ブリが豊富に揚がります。特に初夏のアジやサバは脂がのったものが多くなります。それから、高級魚のノドグロをはじめ、越前がに、間人《たいざ》ガニ、松葉がにといったブランドズワイガニも名物です。紅ズワイガニも多く獲れるため、カニはぜひともいただきたいところです。

⑦瀬戸内・四国

マダイやタチウオ、サワラ、タコ、イカナゴなど、新鮮な近海物をたくさん食べたいです。

加えて、この地域は穏やかな気候を活かした養殖業も盛んで、養殖のブリやマダイも脂がのって美味しくいただけます。高知はカツオの消費量が日本一で、藁焼きへのこだわりは全国随一なのでぜひともいただきたいところです。

⑧九州・沖縄

対馬海流が流れる日本海側ではマダイ、イトヨリ、イサキ、アジなど。また、長崎のサバは筋肉質で独特の美味しさがあります。有明海ではムツゴロウ、ワラスボといった独特な魚も獲れます。

大分や宮崎は本当に様々な魚介が獲れるので、とにかくいろいろ食べてください。鹿児島は養殖のカンパチやウナギ、カツオ。沖縄は、生産量が日本一の養殖クルマエビのほか、マグロや珍しい熱帯系の魚を楽しむと良いでしょう。

第9章

培養魚肉から学ぶ
これからの
魚ビジネスの世界

Chapter 9 :

The future of fish business

ALL ABOUT THE FISH BUSINESS

1

新しい生産技術「細胞培養」

この章では、これから訪れる未来の魚ビジネスの世界について考えます。その上で外せないのが、「細胞培養」による生産技術です。

細胞培養とは簡単に言うと、生きた魚の細胞を培養して増やすことで、可食部を得る方法です。

この可食部は、筋肉や脂肪、内臓など様々な部分がありますが、この先は文章を簡単にするため、代表的な「魚肉」についてを扱います。

人類は魚肉を獲得するために、天然から魚を獲ってくる「漁業」という方法を古くから取ってきました。近年ではこれに加えて、魚を育てた上で魚肉を獲得する「養殖」という方法も取られています。

これらに対して、細胞培養では１匹の魚ではなく、魚の肉の部分だけを増やすという方法で魚肉が生産されます。

その手順は、次の通りです。

まず、生きた魚から生きた筋肉細胞を取ってきます。それを細胞が成長しやすいように人工的に作られた環境である培地に置き、培養液などを与えて一定条件下に置くと、細胞が増えていきます。増えた筋肉細胞をすり身や切り身の形に形成します。これを大掛かりに行うことによって、魚肉を量産するのです。

このような魚肉の生産は、２０２３年3月現在で、すでに一部の魚種では技術確立されてきました。米国やシンガポールなどのベンチャー企業を中心に試食会も開催されています。

ただ、現在課題となっているのは、そのコストが高いことです。

２０１３年時に話題を呼んだオランダでの培養肉バーガーの試食会では、その値段が１個３０００万円とも言われていました。その後、培養肉ベンチャー各社では、量産できる体制を確立するため、コスト低減のための技術開発を競い合っており、魚肉も同じ状況です。

もう1つの課題は、安全性確保のため、ルールを形成することです。この点においても各国がルールメイキングを進めています。日本でも「細胞農業研究会（現在は細胞農業研究機構。通称ＪＡＣＡ）」が、２０２２年にその提言書をまとめ、国に提出しています。

このような中、２０２０年に世界で初めてシンガポールで培養肉の販売許可が下りました。その結果、細胞培養で生産された鶏肉のチキンナゲットが会員制のレストランで販売される段階まで至りました。

ところで、魚肉の細胞培養については、畜産肉よりも遅れています。

というのも、動物に対する実験は個体そのものよりも細胞に対して行われることが元々多かった一方、魚は個体そのもので実験することが多いため、細胞に対する知見が少なかったという背景があるからです。

例えば、何か病気に効く試薬を開発したとしましょう。牛の場合は、その試薬を牛の個体そのものにいきなり投与するような実験はされません。一旦、細胞に与えてデータを集めるというプロセスが入ることが一般的です。

一方で、魚の場合は、いきなり個体そのものに投与するような実験が一般的です。

このような慣習の差は、人間との種の近さといった動物倫理的な観点やコストの差で生まれていったものと思われます。これが結果的に、肉と魚の差を生んでいるのです。

ただ、魚肉の細胞培養には、畜産肉と比べた際に優位な点もあります。その1つは、培養温度が常温に近くエネルギーが掛からないことです。

牛に代表される畜産動物は、細胞を培養するために38℃～40℃といった温度を維持しなければなりません。その一方で、魚の細胞の場合は、25℃～28℃でも培養できるケースが多いとされています。

つまりは、外的に熱を調整するエネルギーが畜産肉よりも掛からないため、そのエネルギーやコストをカットできるというわけです。

培養魚肉が注目される理由は、主な可食部のみを生産するためエネルギー効率が良いことや、環境への影響を低減できることなど様々です。

特に、天然資源を漁獲している魚にとっては、有限である水産資源問題を解決できる技術としても注目されています。

このように未来の魚肉生産技術として注目される「細胞培養」。ここからは具体的に、どのような世の中が訪れようとしているのかについて述べていきましょう。

ALL ABOUT THE FISH BUSINESS

2 「細胞水産業」がもたらす新しいシーフード

細胞を培養することで魚肉を生産する新しい技術。この「細胞水産業」ともいえる培養魚肉の生産技術は、私たちの魚食をどのように変えていくのでしょうか。

もしかしたら、細胞水産業はこれまでにない程に美味しい魚肉を作り出すかもしれません。ここでは、そんな細胞水産業の可能性を探ってみたいと思います。

細胞水産業がもたらし得る魚食の可能性としては、次のようなことが考えられます。

①ブランド魚肉の量産

1つ目は、ブランド魚肉の量産です。例えば、ブランド鯖として有名な「関サバ」の肉を量産して、世界中の人々で味わうということができるかもしれません。

関サバは、天然のサバで生食ができるくらいの鮮度の良さと味の良さが売りです。しかし、天然資源がゆえに出荷できる量は限られています。

ただ、関サバは活魚で水揚げされるため、生きた細胞を取り出すものも容易だと考えられます。そこで、関サバの生きた細胞を取り出し、培養して関サバの肉を増やしていきます。これを大量生産すれば、世界中の人が関サバの肉を食べられる世界がやってくるかもしれません。

②希少魚種の魚肉生産

２つ目は、希少魚種の魚肉生産です。例えば、生きた化石とも言われるシーラカンスの肉を世界中の人々で味わうこともできるかもしれません。

シーラカンスは、かつて絶滅したとも考えられた魚でしたが、１９３８年に南アフリカで発見され、世界を騒然とさせました。その後もアフリカなどで何匹か見つかっていますが、とても食べられるほど見つかる魚ではありません。

しかし、シーラカンスの生きた細胞を増やすことができれば話は違ってきます。量産されるようになれば、世界中の人が食べられるようになるかもしれません。

そして、この技術を応用すれば、資源量が減った魚の肉をあらかじめ確保して培養できるようにしておくことで、資源負荷を低減させることもできます。さらに、万が一絶滅してしまっても食べられる世の中にもなるでしょう。

③まったく新しい魚肉の生産

3つ目は、まったく新しい魚肉の生産です。例えば、マグロとヒラメのいいとこ取りをしたような、これまでにない魚肉を味わうことができるようになるかもしれません。

本来の天然の魚肉は、様々な要素でできています。例えば、刺身の切り身の中にも筋肉があったり、脂肪があったり、筋があったりといった具合です。

これを細胞培養で再現する際には、様々な種類の細胞を組み合わせて形成していく必要があります。あるいは、筋肉の細胞だけを増やした後、脂質などを適度に練り込んで刺身に近いものを形成していくという方法もあります。

このような中では、何も現実に存在する魚の味にしなくても良いのです。

例えば、「筋肉はヒラメで脂はマグロ」という組み合わせもできてくるかもしれません。このような組み合わせは、無限に考えられるため、もしかしたらその中に自然界の魚肉よりも人間が美味しいと感じられるものも出てくるかもしれません。

このほかにも、細胞水産業の可能性は様々に考えられます。しかし、これが進んでいけば、「既存の漁業や養殖はいらなくなるのでは？」という声も聞こえてきそうです。

そこで、この次は細胞水産業が出てくることで、漁業・養殖業がどうなるのかについて考えてみたいと思います。

ALL ABOUT THE FISH BUSINESS

3

培養魚肉で変わる天然／養殖の位置づけ

魚の細胞を培養してつくられる培養魚肉。これを生産する細胞水産業が登場してくることによって、「漁業や養殖業がなくなってしまうのでは？」と思われるかもしれません。ただ、今のところその可能性はないものと考えられます。なぜならば、細胞水産業にも不得手な部分があるからです。ただ、漁業による天然魚、養殖による養殖魚の位置づけはこれまでと変わってくることでしょう。

まず、細胞水産業によって生産される培養魚肉は、天然魚、養殖魚と比較をすると次のような不得手な部分があります。

①１匹丸々の魚をつくることは難しい

細胞培養は、筋肉といった一定の細胞を増やすことを得意とします。しかし、それを組み合わせて実際の身体全体をつくることは相当高度な技術を必要とします。

一方で、現状の魚食はどうかというと、魚の肉だけを食しているわけではありません。頭も食べたり、カマを食べたり、内臓を食べたりと様々です。

特に、日本の文化では、お祝いごとの席で、真鯛に代表される尾頭つきの魚が振る舞われることも多々あります。一匹丸々をその美しい形とともに味わうということは、細胞培養では難しい部分があります。

②多種多様な味を作り出すことは難しい

細胞培養は、画一的な魚肉を大量生産することでコスト低減を図り、その流通を可能にさせる側面があります。逆に、オーダーメイドによる様々な魚肉の生産には相応のコストが掛かってくることでしょう。

そのため、マグロだけを食べたいという場合には向いていますが、季節ごとに旬の様々な魚を味わいたいという場合には向きません。

このような細胞水産業の不得手な部分を鑑みると、それが台頭してきたとしても、天然魚や養殖魚の地位は保たれるものと考えられます。そして、時と場合によって、天然魚や養殖魚の方が優れるというシーンも出てくることでしょう。

続いて、ここまで説明したことも踏まえて、天然魚、養殖魚、培養魚肉の強みをまとめ、今後どのような位置づけになるのかをまとめてみたいと思います。

これからの天然魚の位置づけ　～多種多様な魚を味わう手段に～

細胞水産業が登場してくる未来における天然魚の強みは、「多種多様な魚を味わいやすい」という点です。

まず、天然に存在する海産物は、日本で利用されているだけでも500種類は超えてきます。それぞれの生態も違う中、これらすべての養殖技術や細胞培養技術を確立するのは極めて難しいといえます。

特に消費量が少ない魚種については、コストとの兼ね合いでビジネスとして成立しないため、実現はされないことでしょう。一方で、天然にあるものを獲ってくる漁業では、それらの生産も容易です。

また、同じ魚種でも季節によって変わる魚の味、つまりは旬を楽しむこともできます。

一方で、養殖も培養も画一的な味を大量生産することを得意とします。それから魚を1匹丸々と供給することも容易です。そのため、様々な部位を楽しむ場合には向いていています。

これからの養殖魚の位置づけ　～ニーズの高い魚を1匹丸々安定供給～

細胞水産業が登場してくる未来における養殖魚の強みは、「ニーズの高い魚を1匹丸々安定供給できる」という点です。

人が育てるという点では、細胞培養と養殖は同じです。ただ、養殖は魚を丸々1匹育てる点が違います。そのため、様々な部位を楽しむ場合には向いていますが、この点は天然魚の場合も同じです。

天然魚と養殖魚を比較すると、養殖魚は同じ魚種を安定供給しやすいという点が強みとなってきます。また、同じ魚でもニーズの高い魚をニーズに合わせた味で提供できるのが養殖の強みです。

例えば、同じブリでも天然の場合は、その時々で脂ののりなどの味が変わってきます。一方で、養殖の場合は多くの人が好む脂ののりを安定的に提供することができます。

また、細胞培養の条件を整えるのが難しい魚種が出てくれれば、それについては養殖で生産するという棲み分けもされてくることでしょう。

改めて考える培養魚肉の位置づけ　～ニーズの高い魚種の一定部位を安定供給～

ここまでの天然魚と養殖魚の強みを踏まえると、培養魚肉の位置づけは、「ニーズの高い魚種の一定部位を安定供給」するという点に落ち着くものと思われます。

例えば、マグロであれば、万人が好む程良い脂の刺身を量産するのは培養魚肉で。赤身やカマといった様々な部位を提供するのは養殖で。本マグロ（クロマグロ）、メバチマグロといった違いに加えて季節や地域ごとの味わいの違いを提供するのは天然で。このような具合です。

天然魚、養殖魚、培養魚肉は、敵対するものではありません。

お互いの強みを活かしながらお互いを補完させることにより、人類が求めるさらに高度な魚食文化を実現可能にするのです。

ALL ABOUT THE FISH BUSINESS

4 知っておきたい海洋環境の変化

魚の細胞を培養して魚肉を生産する細胞水産業。これが昨今注目されるのは、海に異変が生じていることも大きな理由といえます。

ここからは、今、海で何が起こっているのかについて述べていきます。

まず、地球の温暖化が進んでいることは、多くの方がご存じかと思います。温暖化の話をする際に主に着目されるのは気温ですが、海水温も上昇しています。そして、これが海の環境を変えている要因の1つです。

また、地球温暖化の要因として、温室効果ガスである二酸化炭素が大気中に増えていることもご存じのことでしょう。二酸化炭素は、水に溶けると酸性の炭酸水を作り出しますが、海の水に溶けることでも酸性寄りになります。

海水温の上昇と、海水の酸性化。この2つが進むことによって、海の環境はどうなるのでしょうか。もう少し具体的に見ていきます。

①海水温の上昇

気象庁によれば、日本近海の平均海水温（年平均値）は、2019年までの100年間で1・14℃上昇しています。数字だけ見てもピンとは来ないかもしれませんが、この影響は様々です。

まず、温度変化そのものにより、魚の生息域が変化してきています。

例えば、元来、南側で獲れるブリが北海道でも揚がるようになったという話は皆さんもご存じでしょう。ブリの生息適水温は20℃程度とそんなに冷たくはないのですが、海水温が上昇したことで生息域が北上したと考えられます。

また、海水温の上昇は、生息する生物の生態系全体を変化させます。

例えば、餌となるプランクトンが多く生息する場所が変化したり、病気を引き起こす微生物の生息域が変化したりすることで、魚の生息や質にも変化をもたらします。

今、日本各地で磯焼けが起こっていますが、その一因としても生態系の変化が指摘されています。磯焼けとは、魚が生息しやすい環境である藻場が荒れてしまうことです。要因は、場所によっても様々と考えられますが、海水温の上昇でウニなどの藻を食べる生物が棲み付きやすい環境になったことが指摘されることも多くあります。

②海水の酸性化

次に海水の酸性化による影響です。酸性化といっても、世界の表面海水のpHは平均で8・1程度の弱アルカリ性をしているところ、中性に近づいているのが全体的な話です。ただこれは、各地点で状況が違い、酸性化がひどく進んでいる地点もあれば、そうでない地点もあったりします。

いずれにせよ、海のpH値が変化していると捉えていただければと思いますが、水圏に棲む生物には、その成長に適するpH値があります。これが変化するとどうなるのでしょうか。例えば、真鯛は生き残りにpHの変化を受けやすい点が実験によって分かっています。海洋生物環境研究所の飼育実験によると、真鯛はpH７・５程度で孵化率が32％〜41％低下することが確認されています。

もちろん、生物によってpH値の変化の影響は様々ですが、海水温の変化とともに魚の生態系に影響を及ぼす要因の１つであることは間違いないでしょう。

ALL ABOUT THE FISH BUSINESS

5

グローバル化による魚ビジネスの変化

昨今の魚ビジネスが変化している要因は、自然環境の変化だけではありません。世界中で魚を食べるようになってきており、グローバル化が進んだことによる市場環境の変化も大きな要因になっています。これは、細胞水産業による培養魚肉が注目されていることにも関係しているといえるでしょう。

ＦＡＯ（国際連合食糧農業機関）の「世界・漁業養殖白書２０２２」によれば、世界で食用として消費される水産物は、１９７０年には４０００万トン程度でした。これが２０２０年には過去最高の１億５７００万トンに達しています。さらに、毎年の人口増加のほぼ倍の割合で増えています。

日本では、魚離れが進み全体の消費量が減っていますが、世界ではまったく魚離れな状況ではないのです。

この世界的な水産物需要の高まりによって起きているのが、日本の買い負けです。その結果、これまで日本人が食べていた美味しい魚が次々と海外に流れています。それは、輸入される魚介だけに留まらず、国内で生産される魚介にまで広まっている状況です。その代表例ともいえるのは、ホタテでしょう。ホタテは、特に中国での需要が高く、日本の最も主要な輸出水産物です。そして、国内のホタテの相場にも影響を及ぼしています。豊洲市場の市場統計によれば、２０１０年に年平均１キロあたり１１２７円だった冷凍ホタテの価格が、コロナ前の２０１９年には１９１８円、２０２１年には２１０１円と、10年程で倍近くにまで高騰しました。ホタテといえば、回転寿司や持ち帰り寿司の定番ネタでもありましたが、近年見かける頻度が減ってきたのも価格高騰の影響といえます。ただ、逆に売り手側からすると世界に目を向ければチャンスが広がっていると考えることもできるでしょう。

さて、世界で増えている魚の需要ですが、天然の水産資源は獲りすぎてしまえばなくなってしまいます。

養殖を拡大するにしても利用する土地や海面にも限りがあり、環境への負荷も増えていきます。そこで着目されているのが、細胞培養による魚肉生産「細胞水産業」というわけです。

グローバル化がもたらす影響は、ほかにもあります。流通を取り巻くルールが、グローバルスタンダードに変わりつつあることも影響が大きいといえます。衛生管理や水産資源管理について、これまでの日本とは違ったルールに従う流れが生じてきているのです。

その問題点が分かりやすい1つの例は、コロナ禍の米国の一部地域で寿司を握る際、手袋着用が義務化されたことです。ニューヨーク市衛生局が、寿司職人にゴムまたはプラスチック製の手袋着用を義務づけ、これに従わなかった人気寿司店を営業停止とした話が物議を醸しました。

これは一見、衛生的で良いようにも思われますが、寿司職人は素手でネタに触れることでも素材の品質を感じ取って確認しています。日本の場合は衛生意識も高く、小まめに手を洗うため、素手だとしても衛生上問題ありません。しかし、米国の場合はそうでもないという違いがこのようなルールを作らせたのでしょう。

もし、これがスタンダードなルールになったとしたら、繊細な部分にまで気を配る日本の寿司文化は変わっていってしまうことでしょう。

そして、グローバル化の影響が特に大きいものの1つは、水産資源管理です。詳しくは、第2章で述べていますが、グローバル化により元々利用魚種が限られる海外に適した手法に従う流れが生じています。しかし、これは多品種の魚種を扱う日本の生産現場とギャップがあり、様々な魚を楽しむ魚食文化を壊してしまう恐れもあります。

グローバル化は市場を広げ、文化の交流で新たな魚食文化が生まれるポジティブな側面もあります。一方で、元々の日本の魚食文化の良い部分を壊してしまう側面もあります。

良し悪しの考え方は様々ですが、今後留意していく必要はあるでしょう。

ALL ABOUT THE FISH BUSINESS

6

進む二極化とバランスの重要性

現在の日本では、魚食の二極化が進んでいます。そして、培養魚肉の登場やグローバル化によって二極化はさらに拡大しそうです。

二極化の両極端は何かというと、「大量少品種」の魚食と「少量多品種」の魚食です。

大量少品種とは、規格化された魚を大量に流通させて消費する画一的な魚食スタイルです。冷凍や養殖の魚がその代表で、培養肉もいずれこちらに加わってくるでしょう。

少量多品種とは、少量ながらも様々な魚を流通させて消費する多様な魚食スタイルです。天然の鮮魚が代表で、旬に合わせて様々な魚を楽しむ形です。

このバランスは、日々の生活の豊かさを維持するためにも、そして、日本の魚を海外に売り込んでいくためにも非常に重要になります。この章の最後は、これからの魚ビジネスにとって大事になる「大量少品種と少量多品種のバランス」について述べていきます。

この2つの二極化は、2021年5月の同時期に出ていたある2つのニュースが象徴的です。

1つは、スーパー大手のイオンが、魚をキューブ型のブロックに規格化して発売したというもの。もう1つは、NHKニュースきん5時が取り上げた「家庭で人気〝まるっと一尾の魚〟」です。前者は、効率的でいつも同じ品質。後者は面倒ですが、楽しくて品質も変わりやすいといえます。

このニュースが出たのはコロナ禍でしたが、確かにコロナの巣ごもり需要で両方とも伸びました。

まず、缶詰や干物といった規格化された加工品が売れました。これは、家で料理するときに、簡単に料理できるからです。

一方で、コロナで魚の流通が滞り、生産者を応援しようと直接丸魚を取り寄せる動きが広がりました。また、YouTubeでは珍しい魚を捌く動画も見られるようになり、おうち時間に同じ魚を捌いてみたいという人も一定数増えました。

今、大量少品種の魚と少量多品種の魚は、両方が求められています。しかし、技術開発や流通構築、制度制定といった動きは、もっぱら大量少品種についてされているのが現状です。

それはなぜなのかといえば、大量少品種の方が規模感を出せて、儲かるからです。こうして、大量少品種を推すためには投資がどんどんされていきますが、少量多品種は昔よりも先細ってきています。

この状況が進みすぎた末に待っているのは、冷凍魚、養殖魚、培養魚肉ばかりが溢れて、いつも同じ魚しか食べられない世界です。

そんな世界を私たちは望むでしょうか。いえ、望まないでしょう。旬に合わせて様々な魚も楽しめた方が生活は豊かなはずです。

大量少品種を推すための投資が進むことで私たちの生活は便利になります。

しかし、その際に少量多品種のやり方を批判したり、蔑ろにしたり、ぞんざいに扱ったりすることは、私たちの生活の豊かさを逆に失わせる結果になっていないでしょうか。

それればかりか、少量多品種は元々日本の強みでした。その結果、様々な魚をその時々で楽しむ寿司の文化が生まれ、世界に広がっていきました。

それなのに、もし外国人が本場の寿司を食べに日本に来た際、使われていた魚がどこにでもあるようなものだったらどういう気持ちになるでしょうか。もう日本の魚食に魅力を感じなくなるでしょう。そのような画一的な魚だけがあふれる日本には魅力がないのです。

しかし、大量少品種だけを推すということは、それに向かっているということです。

確かに大量少品種は儲かります。しかし、少量多品種の魚を楽しむ文化を守っていくことも同時にしなければ、日本の魚食は世界の中で存在意義を失います。

これは、これから培養魚肉を社会実装していくにあたって忘れてはならないことです。

大規模に効率的に進めていく部分と、小規模でも価値を高めていく部分。この2つのバランスを図っていくことを、これからの魚ビジネスでは忘れてはなりません。

ALL ABOUT THE FISH BUSINESS COLUMN

世界情勢による魚への影響

新型コロナウイルスの蔓延、世界的な物価上昇や円安、ロシアのウクライナ侵攻など、世界は激動の時代を迎えています。

このような世界情勢は、経済にも影響を及ぼし、私たちの生活にもその波が押し寄せています。

そんな中、魚にはどのような影響が生じているのでしょうか。

①新型コロナウイルス蔓延による影響

コロナ蔓延当初の2020年〜2021年は、国内の飲食店自粛による影響が大きく、飲食店や観光施設向けの高級な魚介を中心に大幅な値崩れが起きていました。また、流通そのものが滞り、余儀なく休漁せざるを得ない漁業者もいました。

一方で小売店向けの大衆魚や加工品は売れ行きが好調で、産直ECによる生産者の直販も大幅に伸びました。

この状況が少し落ち着いた2022年は、中国のゼロコロナ対策に伴うロックダウンの影響が大きく出たといえます。例えば、中国の飲食店向けに輸出されているウニなどの相場が乱高下する事態がありました。また、工場の稼働停止や稼働削減も相次ぎ、欠品や供給不足による値上がりも起きやすい状況にあったといえます。

②世界的な物価上昇や円安による影響

世界的物価上昇の流れは、コロナ以前から生じていました。これに、世界的な水産物需要の高まりも重なり、日本が買い負けるという状況が起きやすくなっています。

さらに円安が拍車を掛け、輸入水産物の代表格であるサケ・マス類、カツオ・マグロ類、エビ類の高騰、あるいは品物が変わる、入荷量が減るといった事態が起きやすくなっています。また、すり身の原料となるタラ類も輸入量が多く、練り製品の価格にも影響を与えています。

ただし、円安については為替相場の変動によって、安く仕入れられるタイミングも出てくるため、影響は一時的とも考えられます。また、ホタテなどの輸出品についても円安の影響で海外に流れやすくなっています。そのため、国内でも価格が高騰しています。

③ロシアのウクライナ侵攻による影響

ロシアの海産物は、アメリカなど西欧側の国が輸入禁止にした影響で、国際的に値下がりしています。

良し悪しはともかくとして、日本は輸入禁止にはしていないので、ロシア産のカニやウニ、サケ・マス類などは安く国内に入って来やすい環境にあるといえるでしょう。

しかし、関連するエネルギーコストの上昇は、漁船の燃料費や工場の加工費、保管費、運賃などのコストを全般的に上昇させています。そのため、他の食品や工業製品と同じように全般的な値上げに結びつきやすい状況にあります。

終　章

世界のセレブに日本の魚を食べに来続けてもらうために

Final Chapter :

To keep welcoming celebrities to Japan and eat our fish

ここまで、様々な魚ビジネスの話をしてきました。個別の話は、すでにしましたので、最後は総論として、世界のセレブに日本が魚を食べに来続けてもらうためには何が必要なのかを述べ、この本を締めくくりたいと思います。

それは、一言で言えば「多くの人の力を集結する」、そして、「みんな仲良く」ということです。どういうことかを説明しましょう。

日本の魚がなぜこんなにも魅力的なのか。これは、魚の横軸と縦軸で説明できます。

横軸は、様々な魚種や地域、漁法などのバリエーションを指します。

つまり、マグロもあれば、アジもあれば、マダイもあるといった話です。これらは、ライバルでもありつつ、時には同じ寿司下駄の上でタッグを組んでお客を喜ばせることもあります。このバリエーションの豊かさは、日本の魚食を奥深くて飽きが来ない魅力的なものにしています。

そして、縦軸とは流通のサプライチェーンです。

例えば、マグロを提供するにあたって、獲る人がいて、流通させる人がいて、料理する人がいて、それではじめて目の前に料理という形で現れます。この流れの中で、全員の扱いが良くないと質の良い魚は出せません。

このことからも分かるように、世界のセレブたちを魅了する日本の魚食は、多くの人が連携をしてはじめて成り立つものなのです。

しかし、実際の魚ビジネスの状況はどうでしょうか。

横軸では、例えば、養殖推進者が「漁業は魚を枯渇させている」と批判したり、逆に漁業関係者が「養殖の魚は気持ちが悪い」と批判したりといったことが多々見られます。また縦軸では、例えば、漁師と仲買の喧嘩が絶えません。このような状況では、ネガティブな情報が世に溢れ、魚の魅力がなくなってしまいます。

今、日本の魚ビジネス全体で大事なのは、皆で一丸となることです。

このようなことを言うと、「明日食べられるかどうかなのに、そんな悠長なことを言っている暇はない」とも言われそうなのは重々承知です。しかし、皆が自分のことだけを考えて足を引っ張り合い、そうこうしているうちに、世界の足音が近づいてきます。

例えば、培養魚肉の開発が進めば、世界の魚肉生産や魚食文化もガラッと変わる可能性があります。それを外国が主導し、日本の付け入るスキがなくなってしまえば、どんどん日本の魚食や魚ビジネスは淘汰されていくでしょう。

こうならないためにも、まず皆が一丸となることが大事です。さらには、そこに水産以外の様々なプロの方々にも加わっていただき、オールジャパンで日本の魚の魅力を高め続けていくことが大切になってくるでしょう。

世界のセレブに日本が魚を食べ続けに来てもらうためには、多くの人の協力が必要です。ぜひ、この本を読んでいるあなたにも力を借していただき、これからも世界に誇る魚ビジネスで人類を豊かにしていきましょう。

おわりに

この本は、様々な過去の経験やつながりを掘り起こしながら執筆をしました。そこで湧き上がってきたものは、これまでお世話になった方々への感謝の思いにほかなりません。

そもそも私が今こうして生きて、本を書けているのは、第一に故郷の筒石の人たちのおかげです。筒石の人々は、海と山に囲まれた狭い集落で、厳しい自然環境に耐えながら生活をしてきました。時には命がけで海産物をとってきていたこともあります。常に家族や他人のことを考え、どんなに辛い状況でもユーモアを絶やさずに明るく生きる。そのような環境の中で私は幼少期を過ごしました。

しかし、そんなひたむきに頑張る人たちなのに、誤解され批判を受け、罵声を浴びせられることもあります。また、現場に則さない制度に変わることもあります。

それが漁村の人々を苦しめ、結果多くの人々の豊かな食を奪うことにもつながっていきます。そして、その多くは水産業の世界を単によく知らないことから起こっています。

私はこれまでの経験の中で、水産業のことを世の中に広く伝えることが自らの使命だと感じました。それが、今の活動の根本にあるものです。

そんな中、今回、このような書籍を出版する機会をいただけたクロスメディア・パブリッシングの小早川社長と、編集担当の宮藤さんにまず感謝申し上げます。そして、きっとこの流れを後押ししてくれたのは、ドラマ「ファーストペンギン！」だと思います。原作者の坪内知佳さんをはじめ、番組スタッフの皆さん、本当にありがとうございました。

養殖の章にあたっては、近畿大学水産研究所との関わりで学ばせていただいたことも多く、感謝申し上げます。サバ缶の話では、全日本さば連合会でお世話になっている池田陽子さん、いつもありがとうございます。流通関係の全般は、やはり大学時代の恩師であり、東京海洋大学副学長の婁小波先生から教わったことも多く、この場にて感謝を申し上げます。培養魚肉に関しては、日本細胞農業協会との出会いが扉を開いてくれました。

そして、本書全般に渡る魚に関する考え方は、私の父から学びました。この本が書けたのも父のおかげです。本当にありがとうございました。これからも天国から、お力添えよろしくお願いします。

最後に、これまでお世話になったすべての皆様に最大限の感謝を申し上げます。本当に、ありがとうございました。あ、さかなの会副代表の青木さん、いつも感謝してます。最後は、私が主宰する魚好きのコミュニティ「さかなの会」の締め方で締めましょう。また、読んでくれるかな？ ぎょっくり！（ながさき一生）

参考文献／参考資料

・土田美登世『すしのサイエンス』誠文堂新光社／２０２０年
・坪内知佳『ファーストペンギン』講談社／２０２２年
・鴻巣章二（監修）、阿部宏喜、福家眞也（編）『魚の科学』朝倉書店／１９９４年
・近畿大学水産研究所『トコトンやさしい養殖の本』日刊工業新聞社／２０１９年
・ニュートンプレス『ニュートン別冊 近畿大学 大解剖 vol.2』２０２１年
・齋藤勝裕『鮮度を保つ漁業の科学』C&R研究所／２０２０年
・滝口明秀、川崎賢一『干物の機能と科学』朝倉書店／２０１４年
・小田原鈴廣『かまぼこのひみつ』世界文化社／２０１８年
・石坂 智惠美『魚屋の基本』ダイヤモンド社／２０１６年
・山本智之『温暖化で日本の海に何が起こるのか』講談社／２０２０年
・斎藤恒行、榎本則行、松吉実「魚類鮮度の一新判定法」日本水産学会誌Vol.24（9）／ｐ７４９－７５０／日本水産学会／１９５９年
・女性セブン3月10日号『安い、新鮮、おいしい 名物全国朝市巡り』小学館／２０２２年
・ながさき一生『五種盛りより三種盛りを頼め』秀和システム／２０１６年
・ながさき一生「日本型スマート水産業の確立」月刊事業構想２０２１・８／Ｐ34－35／事業構想大学院大学出版部／２０２１年
・ねとらぼ「回転寿司の弱点はまさかの「回ること」だった！「回転しない寿司」を始めた5大回転寿司チェーンの元気寿司を君は知っているか」２０１８年
・ダイヤモンド・オンライン「『サンマ不漁』報道が大げさになりがちな理由、本当の要因とは」２０２０年
・ダイヤモンドオンライン「魚が売りづらかったECで突如取引が急増した理由」２０２１年
・帝国データバンク「好調「回転すし」市場、コロナ禍でも過去最高へ 大手チェーン、10年で８００店増加（「回転すし業界」動向調査）」２０２２年
・東洋経済オンライン「西アフリカで人気沸騰中の「ＧＥＩＳＨＡ」缶の正体」２０２０年
・キッコーマン国際食文化研究センター「企画展示 地球五大陸をおいしさと健康でむすぶ 寿司ロード。」キッコーマン／２０１１年
・水産庁「特集 太平洋クロマグロの資源管理 クロマグロ食す・守る」
・水産庁「水産政策の改革について」２０２２年
・広島県食品工業技術センター
・一般社団法人日本冷凍食品協会
・ＦＡＯ「世界・漁業養殖白書２０２０」
・ＦＡＯ「世界・漁業養殖白書２０２２」
・キッコーマンホームページ
・くら寿司ホームページ
・スシローホームページ
・元気寿司ホームページ
・はま寿司ホームページ
・スギヨホームページ
・マルハニチロホームページ
・伊豆大島ナビ
・にんべんホームページ
・東京都中央卸売市場ホームページ
・ザ・豊洲市場ホームページ
・ｕｍｉｔｏ（マルハニチロ）ホームページ
・吉池ホームページ

[著者略歴]
ながさき一生（ながさき・いっき）

おさかなコーディネータ
株式会社さかなプロダクション 代表取締役
一般社団法人さかなの会 理事長・代表
東京海洋大学 非常勤講師

1984年、新潟県糸魚川市にある「筒石」という漁村の漁師の家庭で生まれ、家業を手伝いながら育つ。2007年に東京海洋大学を卒業後、築地市場の卸売企業に就職し、水産物流通の現場に携わる。その後、東京海洋大学大学院で魚のブランドや知的財産の研究を行い、修士課程を修了。2006年からは、ゆるい魚好きの集まり「さかなの会」を主宰し、「さかなを捌きまくる会」などの魚に関するイベントをこなす中で、メディアにも多数取り上げられる。2017年に「さかなプロダクション」を創業し独立。食としての魚をわかりやすく解説する中で、ふるさと納税のコンテンツ監修や、ドラマ「ファーストペンギン！」の漁業監修を手がける。水産業を取り巻く状況を良くし、魚のコンテンツを通じて世の中を良くするため、広く、深く、ゆるく、そして仲間たちと仲良く活動している。

[さかなの会ホームページ] https://www.sakana-no-kai.com/
[Twitter] https://twitter.com/nagasaki_ikki
[Instagram] ram.com/nagasaki.ikki/

魚《さかな》ビジネス

2023年4月21日　初版発行
2024年10月23日　第11刷発行

著　者　ながさき一生

発行者　小早川幸一郎

発　行　株式会社クロスメディア・パブリッシング
〒151-0051 東京都渋谷区千駄ヶ谷4-20-3 東栄神宮外苑ビル
https://www.cm-publishing.co.jp
◎本の内容に関するお問い合わせ先：TEL(03) 5413-3140／FAX(03) 5413-3141

発　売　株式会社インプレス
〒101-0051 東京都千代田区神田神保町一丁目105番地
◎乱丁本・落丁本などのお問い合わせ先：FAX(03) 6837-5023
service@impress.co.jp
※古書店で購入されたものについてはお取り替えできません

印刷・製本　中央精版印刷株式会社

　ISBN978-4-295-40819-2　C2034